目录

福尔摩斯冒险史 ①
博斯科姆比溪谷疑案 /3
歪唇男人 /46

喵尔摩斯奇遇记 83
1　巷子里的"朋友" /85
2　开启时空之门 /95
3　真假三人组合 /108
4　铁盒里的秘密 /117
5　隐形的家族徽标 /126
6　真假威尔逊 /136
7　贝克街小分队 /145
8　送快餐的小伙计 /154
9　抓捕行动 /163
10　烫手山芋 /175
11　似曾相识的字母 M/185
12　雷斯垂德的"罪名" /194

福尔摩斯探案与思维故事

[英]柯南·道尔/原著
陈自萍 何敏 李享/编著

2 花瓣的玄机

时代出版传媒股份有限公司
安徽少年儿童出版社

图书在版编目（CIP）数据

福尔摩斯探案与思维故事. 2，花瓣的玄机 /（英）柯南·道尔原著；陈自萍，何敏，李享编著. — 合肥：安徽少年儿童出版社，2022.4（2024.1重印）
ISBN 978-7-5707-1251-9

Ⅰ. ①福… Ⅱ. ①柯… ②陈… ③何… ④李… Ⅲ. ①数学 – 少儿读物 Ⅳ. ①O1-49

中国版本图书馆CIP数据核字（2021）第228094号

FU'ERMOSI TAN'AN YU SIWEI GUSHI 2 HUABAN DE XUANJI
福尔摩斯探案与思维故事·2 花瓣的玄机

［英］柯南·道尔/原著
陈自萍　何敏　李享/编著

出 版 人：李玲玲	策划统筹：黄　馨　郝雅琴	责任编辑：张春艳
责任校对：冯劲松	责任印制：郭　玲	封面绘图：陈小锋
内文插图：孙思琦		

出版发行：安徽少年儿童出版社　E-mail：ahse1984@163.com
　　　　　新浪官方微博：http://weibo.com/ahsecbs
　　　　（安徽省合肥市翡翠路1118号出版传媒广场　邮政编码：230071）
　　　　　出版部电话：（0551）63533536（办公室）　63533533（传真）
　　　　（如发现印装质量问题，影响阅读，请与本社出版部联系调换）

印　　制：阳谷毕升印务有限公司
开　　本：635 mm × 900 mm　1/16　印张：13　字数：90千字
版　　次：2022年4月第1版　2024年1月第3次印刷

ISBN 978-7-5707-1251-9　　　　　　　　　　　　　　定价：49.80元

版权所有，侵权必究

福尔摩斯
冒险史

博斯科姆比溪谷疑案

1

一天早上，华生在和妻子吃早餐时，收到一封电报。电报是福尔摩斯发来的，他邀请华生一起调查发生在博斯科姆比溪谷的一起案件。

华生应邀来到火车站。这会儿，福尔摩斯正在候车室踱来踱去。他穿着一件长长的灰色斗篷，戴着一顶便帽，衬得他的身材更加修长。

"医生，你能来真是太好了。"福尔摩斯快步迎上来，说，"我有了靠得住的帮手，破案那还不是**轻而易举**的事吗？你等我一下，我去买票。"

2 花瓣的玄机

火车出发了，车厢里空荡荡的，只有福尔摩斯和华生两位乘客。福尔摩斯带了一大卷**五花八门**的报纸，他在这些报纸里东翻西找，有时记点儿笔记，有时闭上眼睛思考。忽然，他把所有报纸卷成一大捆，一股脑儿扔到行李架上。"你之前听说过这起案件吗？"福尔摩斯坐回座位上说，"我刚才在看最近的报纸，我想多了解一点儿相关信息。据我推测，这个案子可能是那种很难侦破的简单案件。"

"很难侦破？又是简单案件？福尔摩斯，你这话听起来自相矛盾啊。"华生不解地问道。

"这是我断案多年总结出的真理。越是异常的案件，越能为你提供很多线索。**那些看起来普普通通的案件，反而是真正难啃的硬骨头。**"福尔摩斯忽然话锋一转，说道，"大家现在都认定这起案件是儿子杀害了父亲。哼，但我认为，在事情还没调查清楚的时候，绝不能草率地下定论。医生，我先

把事情的经过讲给你听听吧。

"这起案件发生在博斯科姆比溪谷地区。特纳先生是当地最大的农场主。他年轻时在澳大利亚发了大财,后来带着财富回到故乡,买下了很多农田。他把自己最好的一片农田租给了麦卡锡先生。

"麦卡锡先生又是谁呢?他也去过澳大利亚,和特纳先生是在澳大利亚时就认识的老相识。虽然特纳先生更富有,麦卡锡先生穷一些,但他们似乎一点儿也不介意,相处得很融洽。麦卡锡先生有一个十八岁的儿子,特纳先生也有一个差不多大的独生女。

"6月3日,也就是上周一上午,麦卡锡先生跟他的仆人提起自己下午3点有一个重要约会。当天下午,他去博斯科姆比池塘边赴约。可是,他没能再活着回来。

"在麦卡锡先生去往池塘边的路上,有两个人

福尔摩斯探案与思维故事
2 花瓣的玄机

见过他。一位是老妇人，另一位是特纳先生雇佣的猎场看守人。这两个人都做证说，他们看见麦卡锡先生是独自往池塘那边去的。猎场看守人还补充说，麦卡锡先生走过去几分钟后，他的儿子詹姆斯刚好也从那儿路过，他的腋下还夹着一支枪。

"而池塘附近，也有一位目击证人。那位证人是庄园看门人的小女儿，她当时正在树林里采摘鲜花。据她说，她远远地看见麦卡锡先生和他的儿子站在池塘边激烈争吵，麦卡锡先生破口大骂，那样子像极了发怒的狮子；他儿子也不客气，好几次抡起拳头，好像下一秒就要打在他父亲身上。

"小女孩被父子俩的行为吓坏了，急急忙忙跑回家，对她母亲说道：'妈妈！妈妈！麦卡锡先生和他儿子在吵架，他们好像要打起来了！怎么办啊？'小女孩的话音刚落，屋里就突然闯进来一个人。这人正是麦卡锡的儿子詹姆斯。他的情绪十分激动，

脸涨得通红,上气不接下气。他的右手和袖子上还沾着新鲜的血迹。詹姆斯惊慌失措地高喊道:'快来人啊!出事了!我父亲被人打死了!'

"后来,大家就看见麦卡锡先生躺在池塘边的草地上,他的头部有被人重重击打过的痕迹。

"年轻的詹姆斯成了最大的嫌疑人。他当即遭到逮捕,被控告犯有'故意杀人罪',他将在这周

2 花瓣的玄机

三接受审判。但农场主的女儿特纳小姐坚信詹姆斯是无辜的，她委托雷斯垂德警探来帮忙查案，想办法为詹姆斯洗刷冤屈。"

福尔摩斯接着问道："医生，你还记得雷斯垂德吗？就是'血字的研究'一案中那位小个子警探。"看到华生点头后，福尔摩斯骄傲地说，"但那位小个子警探是应付不了这种难题的，这不，就是他写信让我过来帮忙的。"

华生可没福尔摩斯这么轻松，他严肃地说道："福尔摩斯，事实都已经这么明显了，凶手八成就是那个年轻人。我看啊，你这一趟是白跑了。"

福尔摩斯低下头偷笑道："医生，看来你也被表面的东西欺骗了。我还得花时间多调查一下，说不定我们可以找到一些被小个子警探忽视的细节。我已经注意到，之前警察审讯时提出的一两个小问题很有意思，说不定它们就是破案的重要线索。"

福尔摩斯说的小问题是什么呢?

2

"医生,你应该不知道,警察逮捕詹姆斯的时候,詹姆斯一个劲儿地掉眼泪,还不停地念叨着:'是我错了,你们把我抓走吧,我罪有应得。'他为什么会说那些话?挺有意思的,是吧?"

华生禁不住喊道:"事实已经摆在面前了,你看他自己都坦白了。"

"恰恰相反。他的这句话,让我觉得他并不是凶手。"福尔摩斯坐直了身子,缜密地分析道,"他为什么说自己罪有应得?医生,你要是换个角度看,就会觉得很合理。他的父亲死了,在他父亲死之前,他作为儿子,还跟父亲大吵大闹,甚至一度还想动手打他。一想到这个,詹姆斯肯定内疚得很,所以

2 花瓣的玄机

才说自己被抓也是罪有应得。如果他被捕时表现出惊讶或者气愤,这才可疑呢。"

"嗯……你说的也有几分道理。那,那个年轻人后来说了些什么呢?"华生皱着眉头问道。

"我来找找。"福尔摩斯站起身,从那捆报纸中抽出一份,又把其中一页翻开,递给了华生。报纸上刊登着詹姆斯的自白,上面是这么写的:

> 我是詹姆斯,凶杀案发生的前三天,我去城里办事,上周一上午,也就是案发当天我才回家。我的家人都不知道我那天回来。我到家后不久,就听见父亲乘着马车也回来了。我从窗口望去,看见他下车后并没有回家,而是径直往外走。我不知道他要到哪儿去,心里觉得好奇,干脆拿上枪出去散步,看能不能刚好碰上他。目击证人以为我是在

跟踪我父亲，那是他弄错了。事实上，我当时根本不知道父亲就在我前面。当我走到池塘附近时，我突然听见"库伊"的喊声，"库伊"是我们父子之间约定的暗号。循着声音的方向走，我很快就找到了他。奇怪的是，他对我的出现表示惊讶，还厉声问我在做什么。我父亲脾气暴躁，我们聊了没两句就吵了起来，甚至快要动手了。我看他火气越来越大，心里只觉得厌烦，干脆转身离开。但我走了不过一百多米，就听到我背后传来了一声惨叫。我连忙往回跑，却发现我父亲躺在地上，头部受了重伤，呼吸很微弱。我当即去找离得最近的看门人，向他寻求帮助。

另外，从见到我父亲开始，到他被害为止，这段时间内，我没有见到其他人，我也不知道他是怎么受伤的。他待人冷淡，

福尔摩斯探案与思维故事
2 花瓣的玄机

面色阴沉,确实不怎么讨人喜欢,但据我所知,他也没什么**不共戴天**的仇人。各位警官,这就是当时的情况。

詹姆斯的自白书下,是警察对他审讯的内容。

警察问:"你父亲临终前说过什么?"

詹姆斯答:"他含混不清地说了几句,好像提到一个'拉特',我不懂这是什么意思。他当时已经神志不清,这可能只是他在**胡言乱语**。"

警察问:"你和你父亲争吵的原因是什么?"

詹姆斯答:"我不想回答这个问题。"

警察问:"如果我坚持要你回答呢?"

詹姆斯答:"我坚持拒绝回答,我真的不能告诉你。警官,我可以发誓,我们吵架的原因和这起案件没有一点儿关系。"

警察问:"'库伊'是你们父子之间约定的暗号。

"那么照你说的,他当时还没有见到你,甚至不知道你已经从城里回来了。那他高喊这个暗号,又是怎么回事呢?"

詹姆斯慌乱地回答:"这个……这个我也不知道。"

警察问:"当你发现父亲身受重伤时,你有没有看见什么不寻常的东西?"

詹姆斯答:"我当时思绪一片混乱,脑子里只有我父亲。不过,在我向父亲跑去的时候,左边地上似乎有一件**灰色的衣服**。可能是大衣或者披风。

不过,当我从我父亲身边站起来时,它已经**无影无踪**了。我一直怀疑是不是自己看错了。"

警察问:"你是

说,在你去找人救你父亲之前,那件灰色的衣服就已经不见了?"

詹姆斯答:"是的,不过我没法肯定,我只是感觉到那里有件衣服,它离我父亲有十多米远。"

审讯记录到此为止。

看完以后,华生收起报纸,说道:"警察也认为詹姆斯是凶手吧。你看詹姆斯的供词前后矛盾,他父亲还没有见到他就给他发暗号,这就是最大的漏洞嘛。"

福尔摩斯暗自发笑,他伸着腿半躺在软垫靠椅上,慢吞吞地说道:"看来你和大家一样,都不相信詹姆斯。有人说他太缺乏想象力,因为他没有编出他和他父亲吵架的原因,借此来博取大家的同情。又有人说他想象力太丰富,因为他**故弄玄虚**,说什么死者临终前提到'拉特',还有那件忽然不见了的灰色衣服。一会儿说他太缺乏想象力,一会儿又

说他想象力太丰富,医生,这不也是自相矛盾吗?要我说呀,我们得先假设这个年轻人说的都是实话,再按照他提供的信息去处理这起案子,看看这种假设会把我们引到哪里。"

火车开到当地的镇上时,已经很晚了,一个贼眉鼠眼的男人正在站台上等候。虽然很久都没碰面,华生还是一眼就认出他是小个子警探雷斯垂德。

雷斯垂德把福尔摩斯和华生领到了旅馆。福尔摩斯和华生刚放好行李,雷斯垂德就笑眯眯地凑上来说:"福尔摩斯,这儿离博斯科姆比溪谷还有一段路程,我已经雇好了一辆马车。我太了解你了,你一定恨不得马上就到案发现场去调查。"

不料,福尔摩斯直接拒绝了雷斯垂德的安排:"雷斯垂德先生,你想得真周到。不过,我今晚就先不去了。"

听到福尔摩斯的话,雷斯垂德愣了几秒,随即

福尔摩斯探案与思维故事
2 花瓣的玄机

放声大笑道:"哈哈,福尔摩斯,你是不想去吧?看来你也觉得那个年轻人没救了。我就说嘛,这个案子早就一清二楚了,还有什么好调查的。哎呀,我们实在是不好拒绝特纳小姐的要求。她听说过你的大名,非要征询你的意见。我跟她说过好多次了:我都办不到的事,你肯定也办不到。她还是**固执己见**,非要麻烦你跑一趟。说曹操曹操到,她来了!"

他的话音刚落,一位秀丽的年轻姑娘就急匆匆地走进了房间。她就是特纳先生的独生女儿特纳小姐。

看到福尔摩斯和华生,她蓝色的眼睛一下放出亮光:"两位先生,你们能来我真是太高兴了。我特意过来,只是想亲口告诉你们,詹姆斯绝对不是凶手,我相信他。我们从小一起长大,他的性

格我太清楚了。他这个人心软得很，连只小虫子都不忍心伤害，又怎么会这样对待自己的父亲呢？！"

福尔摩斯站起身，温和地说："特纳小姐，请相信我，我一定尽力而为。"

特纳小姐急切地问道："福尔摩斯先生，你看过证词了吗？你是不是已经有结论了？你难道没有看出这里面有漏洞和问题吗？你难道不认为他是无辜的吗？"特纳小姐的脸涨得通红，漂亮的眼睛里满含期待。

"我想，他很可能是无辜的。"福尔摩斯抿着嘴，点了点头说。

听到这句话，特纳小姐把头往后一仰，用轻蔑的眼光看着雷斯垂德，大声地说："好啦！警探先生！你注意听！福尔摩斯先生给了我希望。"

雷斯垂德耸了耸肩膀，不屑地说道："哦！福尔摩斯，你下结论过于草率了。"

2 花瓣的玄机

"哼,他是对的,我知道他一定是对的。詹姆斯绝不会干出这种事。至于他和他父亲争吵的原因,我知道。我还敢肯定,审讯时他不愿意回答,是因为牵涉到了我。"

"这又是怎么回事?特纳小姐,你现在方便讲一讲吗?"福尔摩斯问道。

"詹姆斯和他父亲老是吵架,就是因为我。他父亲希望我们尽快结婚。但詹姆斯不愿意,他说自己还年轻,还不适合成家,而且……而且……嗯,总之他不想现在结婚。一提到这个话题,他们就会吵得不可开交。"

福尔摩斯又问道:"那你的父亲呢?他同意这门亲事吗?"

"不,他也反对。赞成的只有麦卡锡先生。"

福尔摩斯低着头想了想,说:"特纳小姐,谢谢你提供的信息。我可以明天登门拜访你父亲吗?"

提到父亲，特纳小姐的眉头皱了起来，她忧郁地说道："恐怕不行，他的医生不让他接见客人。先生，我父亲的身体一直不好。听说了麦卡锡先生的死讯后，他非常伤心，身体完全垮了。他俩很早以前就认识，还是在异国他乡的澳大利亚，他们是相交多年的朋友。"

"澳大利亚。"福尔摩斯重复了一遍，自言自语道，"这很重要。是在澳大利亚的金矿场吧，特纳先生是在那里发的财。"

"是的，确实是这样。有什么问题吗？"特纳小姐疑惑地问道。

"谢谢你，你给了我一个重要的提示。"福尔摩斯神秘地说道。

因为挂念父亲的身体，特纳小姐急着离开。临走前，她嘱咐道："先生，你要是去监狱见詹姆斯，务必告诉他，我知道他是无辜的。再见，祝你们一

2 花瓣的玄机

切顺利。"

特纳小姐走后,雷斯垂德的脸色变得很难看。他沉默了几分钟后,严肃地说道:"福尔摩斯,我真替你感到羞愧。你为什么要给别人不可能的希望呢?你这样做太残忍了。"

福尔摩斯狡黠地笑了笑,说道:"我想我有办法为詹姆斯洗清冤屈。雷斯垂德警探,我能去监狱看看他吗?"

"可以,但我只能带你去,华生先生得在这儿多等会儿。"

他俩离开以后,华生独自在小镇的街头闲逛了一会儿,最后又回到旅馆。他躺在旅馆的沙发上,全神贯注地去思考案件的来龙去脉:如果詹姆斯说的完全属实,那么当时究竟发生了什么事?凶手什么时候出现的?又是怎么逃走的?

"嘿,说不定我可以从医生的角度出发,在受

害人的伤痕上看出点儿问题。"华生灵光一现,立刻利索地站了起来。

报纸上有案件的详细信息,在法医的验尸证明书一栏写着:死者脑后的左半部,因为受到重物猛击而破裂。

"脑后……"华生一边读,一边在自己头上比画。显而易见,这一计猛击是来自背后的。"这一情况对詹姆斯有利,因为有人看见他和他父亲是面对面争吵,没办法从背后发动攻击。"华生摸着下巴,大脑飞速转动,"不过,这也说明不了多大问题。反对的人也可以说,死者是转过身以后被偷袭的。另外,麦卡锡说了一句'拉特',他是想说什么呢?胡言乱语吗?我看不像,一般来说,被突然袭击的人临死前脑子还是清醒的,他肯定是想说出凶手是谁。'拉特'?'拉特'到底是什么意思?还有那件神秘消失的灰色的衣服。真是太古怪了!"华生

绞尽脑汁想了老半天，还是没有思路。

福尔摩斯回来的时候已经很晚了。他**大剌剌**地坐下来，大声说："希望明天不会下雨，一定不要下雨啊！嘿，医生，我见到詹姆斯了。"

"他给了你什么新线索吗？"

福尔摩斯摆摆手，说道："我不指望那个傻小子啦。我一度有过这样的猜测：他知道凶手是谁，但他愿意为凶手顶罪。我亲自和他聊了以后，才发现他跟大家一样，什么都不知道，完全不知道当时发生了什么。他不怎么聪明，但人还是挺忠诚可靠的。他说的应该是真话。"

华生想起白天那位温柔美丽的特纳小姐，不由得感慨道："他居然不愿意和特纳小姐结婚，真是太没有眼力了。"

"才不是呢，这里面还有一段相当痛苦的故事呢。"福尔摩斯**意味深长**地说道。

詹姆斯为什么不愿意和特纳小姐成婚呢?他们的婚事和案件有关系吗?

3

实际上,詹姆斯深爱着特纳小姐,可是几年前,他做了一件疯狂的大傻事。当时,他对特纳小姐还不怎么了解,因为特纳小姐在寄宿学校上了五年的学。詹姆斯头脑发热,迷上了城里的一名酒吧女郎。他当时太年轻了,什么都不懂,竟然瞒着所有人,偷偷和对方结了婚。事后,詹姆斯追悔莫及,但又想不出解决办法,只能放任这段错误的关系继续下去。连他的父亲都不知道这件事。

案发当天,他父亲又在催促他,让他赶紧向特纳小姐求婚。詹姆斯自己干了蠢事,又不敢跟父亲明说,急得**抓耳挠腮**,手臂乱舞。说到激动处,父

子俩吵了一架，最后不欢而散。

不过，这也不完全是坏事。那名酒吧女郎听说詹姆斯被捕，倒了大霉，立刻跟他撇清关系。酒吧女郎写信说：她和詹姆斯当时结婚，并不符合法律的规定，总之，他们的婚姻并不合法。

"如果詹姆斯是无辜的，那真凶又是谁呢？"华生提出了困扰他很久的问题。

"真凶嘛，我们要特别注意两个地方。第一，死者和某人约定在池塘边见面，这个人不可能是他的儿子詹姆斯，因为詹姆斯去了城里，他也不知道詹姆斯什么时候能回来。第二，死者还大喊了一声'库伊'！这两点正是破案的关键。不过，更具体的信息，要等明天到现场调查后才能知道。"

第二天天气很好，一大早就是晴空万里。上午9点，雷斯垂德乘着马车来接福尔摩斯和华生。雷斯垂德今天有些激动，路上一直**喋喋不休**："嘿，你们知道吗？今天早上有重大新闻！听说啊，庄园里的特纳先生病情非常严重，已经危在旦夕了。看来麦卡锡的死对他的打击很大。他不仅是麦卡锡的老朋友，还是麦卡锡的大恩人呢。你们相信吗？他居然把自己最好的农田租给了麦卡锡，一分钱的租金都不要。"

福尔摩斯偏过头，认真地看着雷斯垂德，好像在思量什么："哦？是吗？这倒是很有趣。"

"是真的！他总是热心地帮助麦卡锡，这一带的人都很羡慕麦卡锡呢！"雷斯垂德昂着头，流露出羡慕的神色。

"要真是这样的话，那这个麦卡锡的人品就有点儿问题。他受了特纳先生那么多恩惠，竟然还理直气壮地要求特纳先生把女儿嫁给他儿子，态度又如此蛮横。好像他说了什么，特纳先生就必须照做。你们不觉得有点儿奇怪吗？而且，特纳先生本人是

反对这门亲事的,这不是更奇怪吗?"

马车走了很久,最后在一栋楼房前停了下来。这儿就是麦卡锡的家了。灰色的墙上长着大片大片的黄色苔藓,窗帘低垂,烟囱也不冒烟,显得很凄凉。

福尔摩斯走上前按响门铃,女仆应声出来。女仆遵从福尔摩斯的要求,给大家展示了麦卡锡出门时穿的靴子,也让大家看了看詹姆斯平时穿的靴子。

等福尔摩斯仔细打量完靴子的不同部位后,大家继续出发,沿着一条弯弯曲曲的小路走到凶案发生的博斯科姆比池塘边。

池塘周围长满了芦苇,它的位置正处在麦卡锡租的农田和特纳先生的私人花园之间的交界处。靠近麦卡锡租的农田这一侧的池塘边,是一片茂密的树林。

池塘附近的地面相当潮湿,布满了杂乱的脚印。有的脚印还散布在小路和路两侧的草地上。福尔摩

斯有时急急忙忙地往前赶，有时停下来一动也不动。有一次，他又稍微绕了一下路走到草地上。每当福尔摩斯这样热切地研究某一样事物时，他就像是变了一个人，不再是贝克街上那个沉默寡言的思想家。他的脸一会儿涨得通红，一会儿又阴沉得发黑。他眉头紧皱，形成了两道粗粗的黑线，眉毛下面那双眼睛射出刚毅的光芒，看起来就像是渴望捕获猎物的猛兽。雷斯垂德没办法理解福尔摩斯的举动，他站在福尔摩斯身后，双手抱着胳膊，脸上始终是冷漠和蔑视的表情。

雷斯垂德把案发现场的准确地点指给大家看，那里的地面十分潮湿。福尔摩斯绕着周围跑了一圈后，不满地向雷斯垂德走去。

"雷斯垂德！你到池塘里去过，你想干什么啊？"福尔摩斯的语气非常暴躁，吓得雷斯垂德哆嗦了一下："我……我没干什么啊，我就用草耙子

福尔摩斯探案与思维故事
2 花瓣的玄机

打捞了一下。我想说不定能找到伤人的武器或者其他东西……"

"哦,得了得了!我没有时间听你扯这个!你看,这里到处都是你的脚印。唉,你带来的人,像一群水牛一样,在这池塘周围乱打滚儿。现场全被你们破坏了!"

福尔摩斯发了一通脾气后,又转过身工作,不再搭理雷斯垂德。他弯着腰走路,眼睛认真地盯着地面,小声嘀咕着:"看门人是从这里走过来的,这周围到处都是他的脚印。咦?这三对脚印很有意思。这些是詹姆斯的脚印。他来回走了两次,有一次他跑得很快,因为前脚掌的印迹很深,而脚后跟的印迹几乎看不清。这证明他讲的都是实话。他看见父亲倒在地上,赶紧跑了过来。那么,这里就是他父亲来回踱步的脚印了。那这是什么呢?这是儿子站着说话时,用枪托顶端拄着地的痕迹。这个呢?

这又是什么东西的印迹呢？脚尖的！对！是脚尖的！还是方头的，这不是普通的靴子！我再来看看，这是走过来的脚印，那是走过去的，然后又是再走过来的脚印……哦，我知道了，这是回来取衣服时留下的脚印。那么，这一路的脚印是从什么地方开始的呢？"

福尔摩斯沿着这对神秘的脚印，**顺藤摸瓜**，到了树林的边缘，来到一棵大树的树荫下。他趴在地上细心地搜寻。过了一会儿，福尔摩斯禁不住得意地喊了一声，看来，他发现了重要的证据！

福尔摩斯到底发现了什么呢？

4

福尔摩斯沿着一串神秘脚印追踪，一直追到一棵大树下。他在那里趴了好久，时不时地翻动一下

福尔摩斯探案与思维故事
2 花瓣的玄机

树叶和枯枝。他又用放大镜检查了地面和树皮,还检查了苔藓中间的**一块石头**。福尔摩斯似乎很在意这块石头,他端详了石头老半天后,把它装进了袋子里。接着他又继续跟着脚印穿过树林,一直走到公路附近。到那儿以后,脚印全都消失了。

福尔摩斯环顾四周,眉头逐渐舒展开来:"这倒是一起十分有趣的案件。我想右边那所灰房子一定就是门房了,我要到那里去找看门人说句话,顺便留个便条给他。医生,警探,等我一下。等我回来我们就坐马车回旅馆吃饭吧。"

回去的路上,福尔摩斯取出了他在树林里捡到的那块石头。他对雷斯垂德说道:"警探先生,你也许会对它感兴趣。**这块石头就是重要的物证。**"

"什么?我看不出它有什么特别的地方。"

"是没什么特别的。"

"那……那你怎么知道石头是重要的物证呢?"

雷斯垂德纳闷地问道。

"哈哈,是石头底下的草告诉我的。那些草的长势非常好,说明这块石头放在那里不过几天工夫。巧的是,我发现这块石头的形状和麦卡锡脑袋上的伤痕完全符合。你说它是不是重要的物证呢?"

雷斯垂德**将信将疑**地点了点头,又问道:"那凶手是谁?"

2 花瓣的玄机

"一个高个子男子。他是个左撇子,右腿是瘸的。作案当天穿着一双后跟很高的靴子和一件灰色大衣,他抽印度雪茄,使用雪茄烟嘴,在他的口袋里有一把小刀,那把刀不太锋利。差不多就这些吧。"福尔摩斯说着,伸了一个懒腰舒展筋骨,"今天下午我还有事要忙,可能得坐晚上的火车回伦敦。"

听了福尔摩斯的话,雷斯垂德惊叫了一声:"啊?你今天就要回去?那案子怎么办?你打算撒手不管了吗?"

"案子已经结束了。"福尔摩斯闭上眼睛,一副悠闲的表情。

"凶手是谁呢?"

"我刚刚说的那位先生。"

"我知道,我是问他到底是谁?他的名字!"雷斯垂德急得大喊大叫。

"要找到这个人,很简单。住这附近的人不多,

你可以一一排查。"

雷斯垂德冷哼了一声,**气急败坏**地说道:"我是个讲求实际的人。我才不愿意浪费时间到处乱跑,只为了寻找一个右腿瘸了的左撇子男子,那会成为警察局的笑柄的。"

雷斯垂德在他的住处下了车,福尔摩斯和华生也回到了旅馆。只剩下知心朋友华生以后,福尔摩斯一改之前**漫不经心**的做派。他看上去有些闷闷不乐,似乎有不少心事。

思虑了许久后,福尔摩斯终于开口说道:"医生,你听我唠叨几句。我不确定该怎么办,想听听你的宝贵意见。"

"那你说说看吧。"华生诚恳地说道。

"我一直在想,麦卡锡生前高喊的'库伊'是什么意思呢,显然他不是在喊自己的儿子。他当时知道儿子去了城里。詹姆斯听到'库伊'这个词,

纯属巧合。所以我想，麦卡锡当时喊'库伊'，是为了引起他约见的那个人的注意。据我所知，'库伊'是澳大利亚人的一种叫法，并且只在澳大利亚人之间使用。所以我大胆地设想，麦卡锡约在池塘边碰面的那个人，也是一个去过澳大利亚的人。"

"那'拉特'这个词又是什么意思呢？也跟澳大利亚有关吗？"华生问道。

福尔摩斯从口袋里掏出一张纸，把它在桌上摊开。"医生，你看，这是一张澳大利亚地图。我昨天晚上要来的。"福尔摩斯用手指着一个地名，说道，"你念一下，这是什么？"

华生遵从他的吩咐，念道："巴勒拉特。"

"这就对了。这就是麦卡锡想说的那个词，而他的儿子只听清了这个词的最后两个音节。麦卡锡当时想把凶手的名字说出来——巴勒拉特的某某人。"

"原来是这样！妙啊，现在一切都能说通了！"

华生钦佩地说道。

"好啦，你看，我已经把搜寻的范围大大地缩小了。我们只需要找出那个去过巴勒拉特的人。此外，他还一定非常熟悉这个池塘，因为要到这儿来，必须穿过麦卡锡租的农田或者穿过特纳的庄园。这两个地方，陌生人根本进不来，所以他肯定是本地人。医生，我已经把凶手的特征告诉了傻乎乎的雷斯垂德，不过，他好像认为我在吹牛。"

"那你是怎么发现这些特征的呢？嗯……我已经知道，你可以从他步伐的大小粗略地推测出他的身高。但你是怎么推测出他是个瘸子呢？"

"他的右脚印不像左脚印那么清楚，可见他右脚使的劲比较小。为什么呢？因为他一瘸一拐地走路，他的右脚肯定有问题。"

"左撇子呢？印度雪茄呢？哦！对了，还有烟嘴呢？"华生的问题像连珠炮一样。

福尔摩斯探案与思维故事
2 花瓣的玄机

福尔摩斯耐心地解释道:"医生,你还记得法医的报告吗?麦卡锡头上的伤是从他背后的左后方打来的,而且是打在左侧,这说明凶手肯定是个左撇子。父子俩谈话的时候,凶手一直站在树后面。

福尔摩斯冒险史

他还抽了会儿烟呢。我发现树底下有雪茄灰。根据我对烟灰的研究,我断定他抽的是印度雪茄。果然,我在苔藓里发现了他扔的烟头。我观察了烟头,发现烟头没有在嘴里叼过的痕迹,可见他当时用了烟嘴。雪茄的末端是用刀切开的,但切口很不整齐,因此我推断他是用一把很钝的小刀切的。"

华生简直佩服得**五体投地**,他高兴地喊道:"福尔摩斯,你真是太厉害了!你已经在凶手的周围布下了**天罗地网**,他逃不了啦!福尔摩斯,你还拯救了一个无辜的人的性命。噢!可是凶手到底是谁呢?我是说他的名字。"

"特纳先生来访。"旅馆的伙计打断了他们的对话,伙计推开房门,把客人领了进来。

特纳先生为什么会突然来访?福尔摩斯能查出凶手到底是谁吗?

5

特纳先生上了年纪,他步履维艰,一瘸一拐。他的毛发很奇特,弯曲的胡须、银灰的头发和下垂的眉毛全都纠结在一起,这使他看起来**不怒自威**。

福尔摩斯彬彬有礼地说:"特纳先生,想必看门人已经把我的便条转交给你了。我本来想亲自拜访你,但我担心会引起人们的怀疑,所以约在了这里。"

"你为什么想要见我呢?"特纳先生疲惫地打量着福尔摩斯。他已经**病入膏肓**,出一趟门耗费了他大量的体力。

福尔摩斯的表情突然变得严肃起来:"先生,坦诚一点儿吧,我了解你和去世的麦卡锡之间发生的一切。我手里也有足够的证据。"

老人愣住了。过了一会儿,他把头垂了下去,两只手紧紧地捂住了脸:"我早就料到会有这一天

的！我不会让詹姆斯受冤枉的。福尔摩斯先生，我向你保证，如果法庭宣判他有罪，我会立刻站出来。"

福尔摩斯同情地说："特纳先生，你能这么想，我很高兴。"

"要不是为了我亲爱的女儿，我早就说出来了。老天爷呀，警察来抓我的那天，她一定会心碎的。"

"应该不至于被抓吧？"福尔摩斯打断了他。

"你……你这话什么意思？"

"先生，我不是官方的警探。我现在只是在替你女儿办事。她给我的任务是想办法证明詹姆斯的清白，她并没有让我指认凶手。"福尔摩斯站起身来走到桌子旁边，递给特纳笔和纸，解释道，"你只需要告诉我事情的真相，我会把它们记录下来。如果开庭审判后，詹姆斯被定了罪，我就不得不出示它，证明詹姆斯的清白。如果詹姆斯没被定罪，我会立即销毁它。不管你是否活着，我都将永远为

你保守秘密。"

听了福尔摩斯的话,特纳先生**如释重负**,他坦然地笑道:"医生说,我能不能再活一个月都是个问题。但我只想死在自己家里,不想死在监狱里。福尔摩斯先生,我不怕死,我只是不想让我女儿伤心。唉,既然你已经找到我了,那我就把事情原原本本都讲给你听吧。"

那是很早很早以前,当时的特纳先生还是个年轻气盛的小伙子。他去澳大利亚的巴勒拉特淘金,认识了一群小混混,当了强盗,还自称是巴勒拉特的黑杰克。

有一天,他们偶遇了一支黄金运输队。特纳和他的同伴抢劫了这个车队。车队的车夫就是麦卡锡。特纳他们当时心一软,放过了车夫,不曾想,车夫却悄悄把特纳的长相记在了心里。

事后,特纳分到很多黄金,成了大富翁。他决

定回国，**安分守己**地生活。他在博斯科姆比溪谷这一带定居，还结了婚。特纳的妻子年纪轻轻就去世了，但她留下了一个可爱的女儿。看着女儿天真纯净的眼神，特纳决定悔过自新，尽自己最大的努力来弥补过去犯下的错误。

此后，特纳和女儿的生活**风平浪静**，直到那一天，魔鬼撞见了他。当时，特纳正好到城里去办事，他在街上偶遇了当年的车夫麦卡锡。麦卡锡过得很落

2 花瓣的玄机

魄,他**衣衫褴褛**,连鞋都没有,身旁还跟着一个小男孩。麦卡锡也认出了特纳,他立刻扑上去,死死拽住特纳的胳膊,压低了声音威胁道:"巧啊,黑杰克,我们又见面了,你就收留一下我们父子俩吧。你要是不答应……哼,英国可是一个讲法制的国家,我会把你过去的丑事全抖搂出来!"

特纳无计可施,只好带麦卡锡回家。从此,特纳一家不得安生。到这个时候,特纳终于明白了,他曾经犯下的罪恶太大了,不管他现在怎么做,都于事无补。麦卡锡大概就是老天派来惩罚他的那个人。在他眼里,麦卡锡**卑鄙无耻**,是魔鬼的化身。麦卡锡不管想要什么,都非要弄到手不可,他贪婪地索取土地、金钱、房子,最后,还挑战特纳的底线——要特纳把女儿嫁给他儿子。

这一次,特纳说什么也不答应。他一想到詹姆斯是那个魔鬼的儿子,就觉得浑身的怒气都在往上

涌,他明确回复麦卡锡:"什么我都可以给你,但你绝不许打我女儿的主意!为了女儿,我会跟你拼命的!"

麦卡锡威胁了特纳很多次,但特纳始终不松口,最后,他们俩约在池塘边会面,打算正式摊牌。

那天,特纳应约前往,却发现麦卡锡正在和他儿子谈话。特纳站在一棵树后静静等待,想等麦卡锡单独一个人时再过去。但是,当听到父子俩的对话时,他愤怒到了极点。

麦卡锡极力说服儿子和特纳小姐结婚。他的语气非常轻佻,态度相当傲慢,好像特纳小姐只是受他支配的物品,根本不值得尊重。

一想到心爱的女儿竟然被这样一个人侮辱,特纳简直气得要发疯。他知道自己年事已高,这一生已经快走完了,但女儿还年轻啊。一个邪恶的念头控制住了特纳,他突然想:"只要我能使这个邪恶

2 花瓣的玄机

的家伙保持沉默,那我的女儿就自由了。"

"福尔摩斯先生,如你所料,我把我的想法付诸行动,要是时光倒流,我还是会这么做。我罪孽深重,为了赎罪,我活该一辈子受罪,但我的女儿是无辜的。我不能把她牵涉进来。我当时把麦卡锡打翻在地,那感觉就像打倒了一头凶恶的野兽。他倒地前的喊声把他儿子引了过来,我只好赶紧躲到树林里去。后来还不得不再跑一趟取回落下的大衣。先生,这就是我的故事。"

特纳在写好的自白书上签了字。福尔摩斯郑重地说道:"老先生,我没有权力审判你。我会把你的自白书保存好,并且遵守我们之间的约定。"

老人站起身,深深鞠了一躬,说道:"那么,福尔摩斯先生,再见了。"他像来时一样,摇摇晃晃地从房间里走了出去。

看着他踽踽的步伐,福尔摩斯沉默了很久,惋

惜地说道："人犯下的罪孽，总是要偿还的啊！"

几天后，詹姆斯的案子开庭了。因为福尔摩斯提前写了许多条有力的申诉意见，并把这些意见提供给了詹姆斯的辩护律师。法官最终宣布：詹姆斯无罪释放。福尔摩斯听说这个消息后，立刻销毁了那份自白书，他想让特纳先生的女儿，对父亲依旧留下美好的印象。而特纳先生呢？他说出自己的心事后，心情变舒畅了，还多活了几个月。

就这样，福尔摩斯靠着自己的智慧，为一个年轻的小伙子洗刷了冤屈。

歪唇男人

1

六月的一天傍晚,有人在门外摁铃。华生当时正在打盹,门铃一响,他一激灵醒了过来,立即坐直了身子。他的妻子放下了手中的针线活儿,闷闷不乐地说道:"应该是病人吧?唉,你又得出诊了。"

华生也叹了口气,他忙了一整天,刚从外面回来,骨头都快累散架了,现在只想好好休息一会儿。

仆人打开门后,华生听到一阵匆忙的脚步声。一眨眼的工夫,他的房间门突然被推开,一位蒙着面纱的女子走进屋来。

"抱歉,实在是抱歉,这么晚了还来打扰你们!"女子话还没说完,眼泪就先掉下来了。她快步向前,紧紧搂住华生妻子的脖子,伏在她的肩上啜泣起来:"噢!我真倒霉!我的命怎么这么苦?!"

"你是?"华生的妻子疑惑地掀开她的面纱,哦!原来是好朋友凯特啊。凯特的丈夫叫艾萨,是一个瘾君子,每天都会吸食大量鸦片。鸦片可不是什么好东西,它是一种毒品。因为长期吸毒,艾萨总是脸色憔悴,眼皮耷拉,双眼无神。他常常把身体缩成一团,蜷曲在一把椅子里,让人看了既厌恶又心生怜惜。艾萨吸鸦片的事儿,让他的妻子凯特流了不少眼泪。

华生的妻子善解人意,温柔体贴,她的朋友们遇到困难,都喜欢找她倾诉,就好像黑夜里的鸟儿都爱飞向灯塔,寻找慰藉。凯特哭诉道:"我……我不知道该怎么办,只好来找你们。是艾萨,我来

福尔摩斯探案与思维故事

2 花瓣的玄机

找你们又是因为艾萨的事情。他已经两天没回家了。我真的很担心他！"

凯特一边抽泣,一边把她这回遇到的麻烦事说了出来。原来,最近艾萨的毒瘾一发作,就爱到天鹅闸巷的一个烟馆去吸毒。往常,他不管再怎么胡闹,到了晚上都会回家。可这次不一样,他已经出去了整整两天,现在准是还躺在烟馆里,和那些混混儿们待在一起。可是,凯特虽然明知道人就在那儿,但她自己不能去呀!她一个柔弱矜持的女子,怎么能闯进那种地方,把像一摊烂泥似的丈夫拽走呢?所以,她只好来求助华生夫妇。

华生**自告奋勇**地说道:"那这样吧,凯特,你先回家。我亲自去一趟,如果他真的在烟馆里,我就雇辆马车把他送回家。"

天鹅闸巷是一条污浊的小巷,隐藏在码头建筑物的后边。华生顺着一条陡峭的阶梯往下走,直通

到一个黑乎乎的巷口,那家烟馆就在里面。烟馆的大门上悬挂着光芒闪烁不定的油灯,借着光,他摸到了门闩。推开门后,映入华生眼帘的是一间又深又矮的屋子。屋里弥漫着浓重的烟雾,靠墙摆放着一排排小木床。

透过微弱的灯光,华生隐约瞧见人们东倒西歪地躺在木床上。有的耷拉着脑袋,有的抱着膝盖,有的头颅后仰,有的下巴朝天。他们用涣散的目光呆呆地望着新来的客人。

远处有一个炭火盆,炭火熊熊燃烧。盆边的木凳上坐着一个满脸皱纹的瘦高老头儿。老头儿双手托腮,两肘支在膝盖上,专注地凝视着炭火。

看到有新客人来,一个面无血色的伙计兴冲冲地迎上前来,递给华生一杆烟枪,招呼他到空着的小床上去。华生礼貌地拒绝了伙计:"不用麻烦了,我马上就走。我的朋友艾萨先生在这里,我是来找

他的。"

华生话音刚落,在他右边的一个人动了动,有气无力地应了一声。华生循声看去,透过暗淡的灯光,华生瞧见**邋里邋遢**的艾萨正努力睁大眼睛看他。

看清楚来人后,艾萨吓了一跳,他**结结巴巴**地说道:"天哪!华生医生!你……你怎么来了?"他自知理亏,连忙讨好地笑道,"嘿,医生先生,现在几点了?"

华生冷冰冰地答道:"快11点了。"

"哪天的11点?"

"星期五,6月19日。"说到日期时,华生故意加重了语气。

"我的天!我一直以为今天是星期三。今天一定是星期三,医生,你不要吓唬我!"艾萨的气势越来越弱,声音也越来越小,到最后,他居然低下头,把脸埋在双臂之间,失声痛哭起来。

"我告诉你,今天就是星期五!你的妻子一直在等你!等了你两天了。我要是你,我会感到羞耻!"

艾萨呜咽道:"对!我应当感到羞耻。医生先生,我不是故意的,我……我在这里只待了几个小时,就抽了一小会儿鸦片……对,就一小会儿。我马上跟你回去。我不该让凯特担心,可怜的凯特呀!医生,你能扶我一下吗?"艾萨抓住华生的手臂,挣扎着站了起来。

华生扶着艾萨,艰难地穿过小木床之间的狭窄过道。华生一直屏息敛气,免得闻到鸦片那令人作呕的臭气。他路过炭火盆时,突然觉得有只手猛地拉了一下自己的衣服,有人低声说道:"走过去,再回头看我!"

这个声音微弱但清晰。华生低头一看,身旁除那个瘦高老头儿外,再没有其他人了。可是,这个老头儿还是像刚才一样,坐在那里呆呆地盯着炭火。

福尔摩斯探案与思维故事
2 花瓣的玄机

华生向前走了两步,再回头看,不禁大吃一惊。幸亏他极力克制才没有叫出声来。

刚刚那个老头儿也转过身来,背对所有人,只有华生能看见他的正面。老头儿的肢体伸展开来,脸上的皱纹也消失了,无神的双眼现在变得炯炯有神。嘿,这个坐在炭火盆边咧嘴笑的老头儿,不是别人,竟然是乔装打扮后的福尔摩斯。

福尔摩斯使了个眼色,示意华生到他身边来。随即,他又缓缓转过身去,再以侧面朝向众人。福尔摩斯又显出之前那副哆哆嗦嗦、胡言乱语的老人模样。

华生匆匆走过去,压低声音问道:"福尔摩斯!你到这儿来干什么?"

2

"嘘,小声点儿,我的耳朵很好使。"华生的声音有点儿大,福尔摩斯恨不得跳起来捂住他的嘴巴,"医生,你赶紧想个办法,把你那位瘾君子朋友打发走,我有话要跟你说。"

"我的马车就在外边,我可以让车夫送他回去。"

福尔摩斯又嘱咐道:"嘿,别忘了写个便条给你妻子,免得她担心。你先出去吧,我一会儿就出来。"

华生送走艾萨后,在烟馆外面安静地等着。果然,不久,福尔摩斯也走出了烟馆。福尔摩斯和华生并肩走在一起,他始终驼着背,**东摇西晃**,像是下一秒就要栽倒在地。走过两条街后,福尔摩斯迅速打量了一下四周,确认周围没有异常情况后,他立刻站直了身体,尽情地大笑起来。

"医生,真是太巧了,没想到在这儿都能碰上你。

福尔摩斯探案与思维故事

2 花瓣的玄机

我正在进行一次重要的侦查。倘若烟馆里有人认出我来,那我就只能去见上帝了。我得罪过那个开烟馆的印度无赖,他发誓要杀了我报仇。"

福尔摩斯把两根手指放在上下唇之间,吹出一阵尖锐的哨声,远处也响起相同的哨声,不久就听到一阵辘辘的车轮声。

"现在,探秘行动又开始了。"福尔摩斯笑眯眯地眨眨眼,问道,"医生,你愿意跟我一起去吗?"

"如果能帮上你的话,我很愿意去。"华生诚恳地回答道。

"那真是太好了!"福尔摩斯转过身对车夫说,"约翰,不麻烦你啦!你把马车留下,自己先回去吧。"

两个人都坐上车后,福尔摩斯轻轻抽了马儿一鞭子,马车立刻不紧不慢地跑起来。经过一条条黑黢黢的街道后,路面渐渐宽阔起来。福尔摩斯沉默地驱车前进。他的头垂在胸前,想事情想得入了神。

华生坐在他身边，只觉得非常纳闷儿。到底是什么样的难题，竟然能让福尔摩斯感到棘手。但他又不敢打断福尔摩斯的思绪，只好也跟着闷不吭声。两人驱车走出好几里，快到郊外别墅区的边缘时，福尔摩斯才耸耸肩膀，为难地说道："医生，待会儿见到那位太太，我实在不知道该说些什么。"

"福尔摩斯，你忘了我什么都不知道。"华生摊开手，无奈地说道。

"案情似乎简单得出奇，却让我摸不着头脑。医生，我先简单地讲讲事情的来龙去脉吧。"

原来，福尔摩斯接到一位来自李镇的太太的求助。他们现在去的地方，就是李镇。这位太太的丈夫叫圣克莱尔，是一位绅士，很有钱。几年前他还是一位单身汉，突然来到李镇。后来他娶了一位温柔贤淑的妻子，就是来找福尔摩斯的这位太太。他们还有两个孩子。圣克莱尔没有职业，但在几家公

2 花瓣的玄机

司里都有投资。他每天早晨进城处理事务，下午坐车回家。他今年三十七岁，没有不良嗜好，是位好丈夫、好父亲。此外，他的银行存款也很多，不存在财务方面的烦恼。

上周一，圣克莱尔先生照例进城工作，出门前他答应要给小儿子买**一盒积木**。说来也巧，也是那一天，他刚出门不久，他的妻子就收到**一封电报**，电报里说她的包裹已经送到城里的办事处。于是，圣克莱尔太太下午进城去办事处取了包裹。在回车站的路上，她正好经过天鹅闸巷。那天天气十分炎热，圣克莱尔太太一边走一边张望，希望能雇到一辆小马车。正当她路过天鹅闸巷时，突然听见喊叫声。她抬头一看，正好看到她的丈夫在三楼的窗口望着她，好像是在向她疯狂招手。圣克莱尔拼命招手后，突然又消失了，好像他身后有一股强力，一把将他猛拉回去一样。那一瞬间，圣克莱尔太太吓得浑身

冰凉,像是掉进了冰窖。

圣克莱尔太太还敏锐地发现,丈夫虽然穿的还是进城时的那件衬衫,但胸前没有系领带。

她确信丈夫一定是遭到了迫害,便顺着台阶飞

2 花瓣的玄机

奔下去，闯进了位于窗口楼下的那间烟馆。当她想登上楼梯时，印度老板拦在了楼梯口，暴躁地把她撵出了烟馆。圣克莱尔太太又惊又怕，赶紧找来了正在值班的巡警。在巡警的帮助下，他们进入了三楼的屋子。然而，三楼整层除了一个**跛脚乞丐**在那里休息，再没有其他人。

乞丐和老板都赌咒发誓说，那天下午没有其他人到过三楼，他们还坚称圣克莱尔太太出现了幻觉。

就在这时，圣克莱尔太太突然大喊一声，猛扑到桌上的一个木盒前。她把盒盖掀开，哗地倒出来一大堆玩具积木，这正是圣克莱尔答应要带回家给孩子的玩具。

因为发现了积木，再加上跛脚乞丐那一瞬间惊慌失措的样子，巡警认识到事态的严重性。他们立刻仔细地搜查了所有房间，结果表明：那儿确实发生过一起可怕的罪行。除圣克莱尔太太看见的那间

屋子以外，三楼还有一间小卧室。从小卧室的窗户望出去，正对着一处浅滩。退潮时这儿是干涸的，涨潮时水很深。卧室的窗户很宽敞，窗框上有**斑斑血迹**，还有几滴滴在了卧室的地板上。屋子里有一块帷幕，拉开帷幕，后面居然挂着圣克莱尔先生的全套衣服，不过唯独缺了那件上衣。看来，圣克莱尔先生很可能是从卧室的窗户跳出去的。哎，他想游泳逃生是不大可能的，因为那时候，潮水正好涨到了顶点，他能游到哪儿去？

再来说说与本案有牵连的嫌疑人吧。那个印度老板是个出名的大恶人。不过，根据圣克莱尔太太的说法，她的丈夫消失了仅仅几秒，老板就已经在一楼的楼梯口了。老板不可能是真凶，因为他没办法在短短几秒的时间内，从三楼跑到一楼。他顶多是这起案件的帮凶而已。而这位老板始终坚称自己什么都不知道。

印度老板的情况就是这样。至于那个跛脚乞丐呢，他是最后一个看见圣克莱尔先生的人。这个乞丐和圣克莱尔先生的失踪有关系吗？

3

这个乞丐是伦敦旧城区的常客，他每天都盘着腿，坐在墙角乞讨。由于他的相貌过于奇特，每个过路人都会禁不住多看他两眼。这一看往往会触动路人的同情心，他们可怜这个乞丐的境遇，所以给他的零钱就像雨点儿般落进了他身边的帽子里。没一会儿工夫，乞丐的帽子就能被装满。

咦，他的相貌到底有什么奇特之处，居然有这么大的魔力？原来，这个乞丐有一头蓬松的红头发，一双炯炯有神的眼睛，一副哈巴狗一样的下巴。这已经够奇特了吧？还有更奇特的呢，最让人印象深

刻的，是他脸上有一道又长又怪的伤疤，把整个脸都扯变形了，嘴也歪了。这让他的样貌更加怪异丑陋。他的脑子倒是很聪明，不管路人送给他什么，他都能说上几句好听的漂亮话。

跛脚乞丐现在已经被拘捕，但警察们并没有发现任何可以将他定罪的证据。虽然他的右手袖子上有一些血迹，但他指着他手指被刀割破的地方，大声辩解。他还一口咬定没有见过圣克莱尔先生。但他始终解释不清楚房间里的那套衣服是怎么回事。于是，警察们决定先带他回警察局接受审讯，此外，警察局还安排人留守在那间小卧室里，希望能在退潮后找到一些线索。

"医生，退潮后，警察们还真发现了新东西，就是圣克莱尔的**那件上衣**。那件上衣刚好被留在了泥滩上。你猜，警察们在衣服口袋里发现了什么？"

"我猜不到。"华生摇了摇头。

2 花瓣的玄机

"是硬币!足足有七百多枚硬币!这些硬币装满了上衣口袋,沉得要命,怪不得衣服没被潮水卷走。但人说不定就……可能已经被潮水带走了……"说到这里,福尔摩斯突然感到沮丧,声音也小了许多。

"可是圣克莱尔的其他衣服都在房间里呀,难不成他跳海时只穿了一件上衣?"华生疑惑地问道。

"我是这样想的:假设当时,跛脚乞丐已经把圣克莱尔推出了窗外,那他接着该做什么呢?他肯定要立刻处理掉圣克莱尔的那些衣物。他赶紧抓起衣服,准备抛出窗外。突然,他转念一想衣服太轻了,会浮起来,根本沉不下去。但他已经火烧眉毛了,因为圣克莱尔太太吵着闹着要上楼,警察们也在飞速赶来。

"怎么办?时间刻不容缓。突然,他想到了他的积蓄——也就是那些乞讨得来的硬币。他大把大把地抓起硬币,尽量往衣服口袋里塞,就是为了确

保上衣能够沉底。他把上衣扔出去以后,还想用同样的方法处理剩下的衣服。可是,警察已经上楼来了,他只好把剩下的衣服藏到帷幕后边。"

"听起来确实很有道理。"华生摸着下巴,边思考边点头。

"但我想不明白的地方是,跛脚乞丐这么多年都以乞讨为生,没什么朋友,也没和谁结过仇。圣克莱尔为什么会在他的房间里出现?当时发生了什么事?如果乞丐是凶手,那他又为什么要杀害圣克莱尔?哎呀,真是头疼,我一点儿头绪都没有。"

福尔摩斯把来龙去脉讲清楚后,马车也驶到了李镇的郊区。福尔摩斯望着不远处的村庄,心事重重地说道:"医生,你看到前面的灯光了吗?那就是圣克莱尔家。在那灯旁坐着一位忧心如焚的女子,正在焦急地等待着丈夫的消息。唉,在我还没有找到她丈夫以前,我害怕见她,我担心她丈夫已经……

算了,硬着头皮也得去呀,医生,我们到啦。"

马车在一幢大别墅前停了下来。华生跳下车,跟着福尔摩斯走上了一条弯曲的碎石道。他们刚走近屋子,就发现大门敞开着,一位优雅的妇人早已等在门口,这位妇人就是圣克莱尔太太。她微微弯着腰,探着身子,眼神里充满渴望。她张了张嘴,努力了好几次,终于发出了微弱的声音:"福……福尔摩斯先生……怎么样了?"福尔摩斯带着歉意地摇了摇头。这位太太痛苦地叹息了一声,说:"没有好消息吗?"

"没有。"

"没有坏消息吧?"她的声音颤抖了一下。

"没有。"

圣克莱尔太太努力平复了一下自己的情绪,说:"谢天谢地!没有坏消息就是好消息。请进来吧!你们辛苦了,先吃点儿东西吧。"圣克莱尔太太领

着福尔摩斯和华生走进餐厅,餐桌上已经摆好了消夜。

福尔摩斯正准备吃东西,圣克莱尔太太突然开口问道:"先生,我想问你一两个直截了当的问题。你直说就好,别担心我的情绪,我受得了。"

福尔摩斯有些紧张地答道:"太太,你请问吧。"

"说句真心话,你觉得我丈夫还活着吗?"

福尔摩斯似乎被这个问题难住了,他一直没有回答。

"福尔摩斯先生!你说啊,他还活着对吧!"圣克莱尔太太急躁了起来,眼睛也直勾勾地盯着福尔摩斯,弄得福尔摩斯越发尴尬。他只好回答道:"太太,那我说实话了,我不这么认为。"

圣克莱尔太太冷冰冰地问道:"你认为他死了?他什么时候遇害的?"

福尔摩斯老老实实地说出了自己的想法:"根据目前的线索来看,应该是上周一。"

福尔摩斯探案与思维故事

2 花瓣的玄机

太太激动地说:"不,不,福尔摩斯先生,你错了!你看,我今天收到了**他的来信**。你说说,这又是怎么回事呢?"

"什么?!"福尔摩斯好像触电了一样,猛地从椅子上跳了起来。

"是的,就是今天。"圣克莱尔太太微笑着,高高地举起一张小纸条。

福尔摩斯急切地接过那张纸条,小心翼翼地把它摊开,专心审视。信封的纸很粗糙,发信日期显示是今天。他疑惑地说:"让我先看看信吧。嗯?信里还附了东西呢?"

"是,是一只戒指,这是他的图章戒指。"想到丈夫还活着,圣克莱尔太太甜蜜地笑了起来。

"字迹这么潦草,你能确定这是你丈夫的笔迹吗?"福尔摩斯问道。

"我确定,这是他的一种笔迹。"圣克莱尔太

太信心十足地说道,"这是他匆忙写字时的笔迹。我想他在写这封信的时候,一定很着急。这和他平时的笔迹不太一样,不过我还是认得出来。"

华生小声地读起了信:

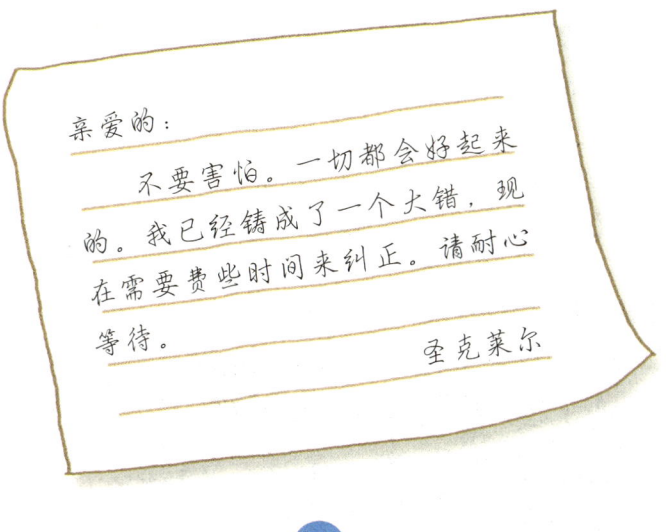

亲爱的:

　　不要害怕。一切都会好起来的。我已经铸成了一个大错,现在需要费些时间来纠正。请耐心等待。

　　　　　　　　　　圣克莱尔

福尔摩斯拿着信纸,仔细回想前因后果。沉默良久,福尔摩斯终于说道:"圣克莱尔太太,看来乌云已经散去,虽然我还不太肯定。"

"我知道他一定还活着,他准没事!福尔摩斯先生,我们夫妻之间的心灵感应是很强的。他要是遭遇了不幸,我肯定能感受到的。比如在他失踪的那一天,他起床后,不小心在卧室里割破了手,而我当时在餐厅,心里突然觉得很慌,心想他准是出

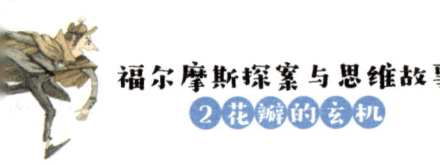

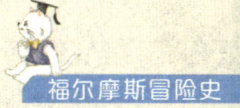

了什么事，所以马上跑去了卧室。你想，一桩小事我都有这么强的反应，他要是出事了，我又怎么会毫无反应呢？"

"等等，你是说，你丈夫那天割伤了手指？"福尔摩斯听到了重要的信息。

"是呀，伤口很深呢，当时流了不少血。"

"那看来我想的没错了。"福尔摩斯冷笑了一声，又问道，"你当时看到他在三楼，对吧？窗户开着吗？"

"开着呢，但声音听不太清楚，像是一声呼救的声音吧？他还挥动了一下他的手。"

福尔摩斯摇了摇头，说道："那也有可能是一声吃惊的叫喊。他一下子看到了你，觉得很惊奇。这种震惊使他条件反射般举起了双手。圣克莱尔太太，你觉得有可能吗？"

圣克莱尔太太刚想反驳，可是认真思考了几秒

后,她也不得不点头承认:"这倒也有可能。"

"你认为他是被人使劲拽回去的,对吗?"

"我……我不太确定了,他一下子就不见了。"

"也有可能是他自己猛地跳回去了。你在屋里还看见其他人了吗?"

"没有,只有那个可怕的乞丐一直在那里,印度老板一直都在楼梯口。"

"好的太太,谢谢你提供给我的线索,你的丈夫很快就会回来了。你先休息吧,放宽心。"

圣克莱尔太太回房间去了,福尔摩斯和华生也回到客房。一进房间,华生倒头就睡。福尔摩斯脱下上衣和背心,换上一件宽大舒适的蓝色睡衣。他又找了几个枕头拼成沙发,盘腿坐在里面……他这是又准备要**通宵达旦**地坐着,思考那些棘手的难题了。

一整夜,福尔摩斯都端坐在幽暗的灯光里,茫然地凝视着天花板一角。他一言不发,纹丝不动,

就像是打坐的和尚。

华生睁开双眼时,看见福尔摩斯仍然坐着。

"醒了吗,华生?"福尔摩斯探过身来,问道。

"醒了。"华生根本还不是很清醒,但他还是条件反射般地说道。

"我想赶车出去玩玩,怎么样?"福尔摩斯边说边咯咯地笑了起来,双眼闪烁着光芒,完全没了昨晚那副愁眉苦脸的模样。

华生起床穿衣时看了一下表,天哪,居然才4点25分,这么早要去哪里?大家现在应该都睡得正香吧。想到这里,华生忍不住又打了一个哈欠。

"我要证实一下我的想法。"福尔摩斯一边说着,一边穿上靴子,"华生,我简直是全欧洲最笨的糊涂虫!我差点儿就被骗了!不过没关系,我现在已经找到开启这件案子的钥匙了。哈哈,只要开始,虽晚不迟。"

福尔摩斯探案与思维故事
2 花瓣的玄机

福尔摩斯负责驾车,他带着华生往市区赶去。马车飞快地驶过大桥,经过大街,最后向右急转弯,拐到了警察局。警察们都认识福尔摩斯,他们连忙迎了上来。

"我要找一下值班的警官,他现在在哪里?"福尔摩斯**开门见山**地问道。

他话音刚落,一位身材高大的警官就走了过来。这位警官彬彬有礼地说道:"福尔摩斯先生,我就是值班警官,有什么需要我帮忙的吗?"

"我是来找跛脚乞丐的。这个人现在被控告与圣克莱尔先生的失踪有关。"

"哦!我知道他,他现在在单人监室里。"警官回答。

"这个人规矩吗?没闹事儿吧?"

"人倒是挺安分的,就是太脏了,又脏又臭,真让人受不了。"警官厌恶地皱了皱眉头。

"又脏又臭?"

"嗯,他的脸简直黑得像煤炭,浑身也臭死了。哼,等他的案子定了,他必须得按监狱的规定好好洗个澡。"一说到那个脏兮兮、臭烘烘的乞丐,警官就一肚子气。

"我很想见见他。"福尔摩斯请求道。

"那很容易,跟我来吧。"警官领着福尔摩斯和华生走下一条通道,又打开一道上了锁的门,然后从盘旋式的楼梯下去,最后来到一处墙上刷着白灰的走廊,走廊两侧各有一排监室。

"喏,右手第三间就是关他的监室。"警官说着,探着身子往里瞧了瞧,"嘿,他睡着了,睡得还挺香。"

福尔摩斯和华生隔着栏杆往里瞧。跛脚乞丐躺在床上睡觉,呼吸缓慢而深沉。他穿着破破烂烂的粗料子衣服,贴身的衬衫也从破烂的上衣裂缝处露了出来。他的确像值班警官说的那样,又脏又臭,

福尔摩斯探案与思维故事
2 花瓣的玄机

看一眼都让人倒胃口。但他脸上的污垢依然掩盖不了他丑陋的相貌:从他眼睛旁边到下巴处,有一道宽宽的旧伤疤,把整张脸都扯变形了,嘴也歪了。一头蓬松光亮的红头发低低地遮挡住了他的额头和眼睛。

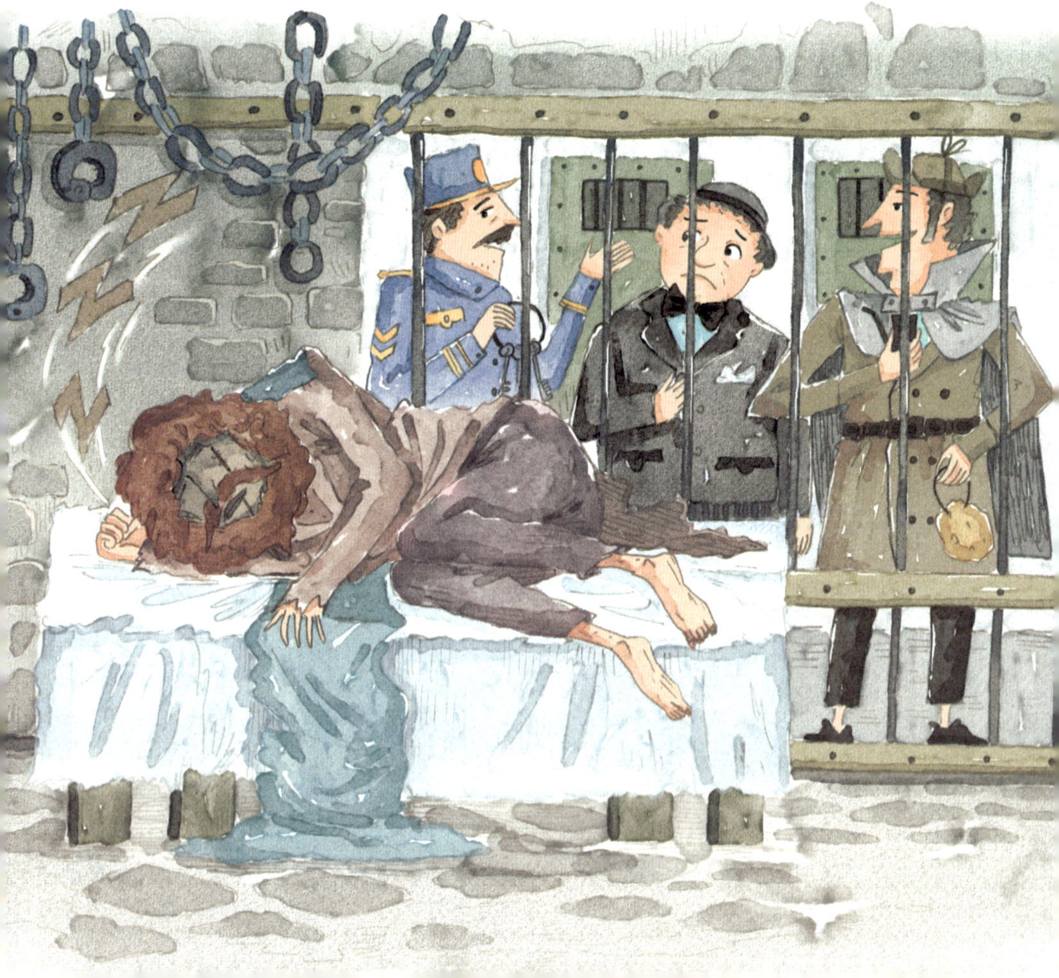

"他确实需要洗一洗,我早就想到了,还自作主张地带了些工具来。"福尔摩斯一边说着,一边打开自己的提包,取出了一块很大的洗澡海绵。

"哈哈!福尔摩斯,想不到你还是个爱开玩笑的人!"警官轻声笑着,他把钥匙插进门锁里,轻轻地推开了牢房的门。乞丐睡得正香,什么也没察觉。

福尔摩斯在水罐里蘸了些水,凑到乞丐面前,对着他的脸使劲地擦了几下。

5

福尔摩斯擦完乞丐的脸后,神奇的事情发生了。就像剥树皮一样,这人的脸被剥下了整整一层皮。那厚重的污垢不见了!那可怕的伤疤不见了!那怪异的歪嘴唇不见了!福尔摩斯伸手一掀,那一堆乱蓬蓬的红头发也被掀掉了。这时,这个人醒了过来。

他迷迷糊糊地坐了起来。现在这个人面色苍白、愁眉不展、模样俊秀。他揉了揉双眼,迷茫地打量着周围,睡眼惺忪,不知道发生了什么。忽然,他意识到自己的骗局已经被识破,不由得尖叫一声扑在床上,把脸死死地埋在枕头里。

"还是让我来介绍一下吧,"福尔摩斯大声说道,"这位,就是消失了一周的圣克莱尔先生。"

"天哪!"警官高声叫道,"我认识他,他就是那个失踪的人!我见过他的照片!"

福尔摩斯说道:"圣克莱尔,你很厉害,我差点儿被你骗了。要是没有你的信,我可能一时半会儿还找不到你。"

"我的妻子！我的儿女！"圣克莱尔呜咽着，绝望地说道，"我做出这样的事情，他们一定会感到耻辱。天哪！所有人都会知道，我做出了这么丢人的事！我该怎么办啊？"

福尔摩斯和蔼地拍了拍他的肩膀，建议道："如果让法庭来查这件事情，那就肯定会被宣扬出去。可是，只要你能使警察局相信，你没做什么违法犯罪的事，我想，他们不会起诉你，更不会把你的案子刊登在报纸上的。其他人也不会知道你的秘密。"

"那就太好了！"圣克莱尔**感激涕零**地说道，"坐牢我愿意，枪毙我，我也没话说。只求不要把我的秘密公之于众，我不想我的孩子被人笑话。"

圣克莱尔听从福尔摩斯的建议，老老实实地坦白了自己的秘密。圣克莱尔的故事还得从一次报道说起。他从小就受到良好的教育，青年时代又酷爱旅行，喜欢演戏，后来在伦敦一家晚报社当了记者。

福尔摩斯探案与思维故事

2 花瓣的玄机

有一天,报社想要一组反映乞丐生活的报道,圣克莱尔自告奋勇,认领了这项任务。为了得到更真实的材料,他决定自己扮演乞丐,混入乞丐圈子,近距离观察他们的日常生活。他当过演员,学过化装。于是,他便乔装打扮成最令人怜悯的样子。他用一小条肉色的橡皮膏,做出了一个**惟妙惟肖**的伤疤,把嘴唇都扯歪了。他又戴上一个醒目的红头发头套,配上破烂的衣服,扮起了乞丐。

圣克莱尔扮演乞丐的时候,真的有人往他的帽子里放零钱。几小时后,他清点帽子里的零钱准备回家,发现当乞丐赚的钱竟然比记者的工资高得多,这让他大吃一惊。

圣克莱尔写完有关乞丐生活的新闻报道后,就把这事儿抛在了脑后。直到有一天,他因为被一位朋友坑了,欠下巨额债务。他根本拿不出这么多钱还债,走投无路时他忽然想到了之前假扮乞丐的遭

遇。于是他又乔装打扮，装成乞丐到城里去乞讨。仅仅只过了十天，他就凑齐了钱，还清了债务。

尝到甜头以后，圣克莱尔再也不愿意老老实实回去工作了。他盘算着，只需要静静地坐着，就能挣大钱，这可比辛辛苦苦工作轻松多了。要尊严还是要金钱，他思想斗争了很久。最终，他选择了金钱。

圣克莱尔抛弃了当记者的生活，日复一日地坐在墙角。在那一副可怕面容的帮助下，硬币塞满了他的口袋。只有一个人知道他的秘密，就是烟馆的那位印度老板。印度老板收了圣克莱尔高价的房租，所以心甘情愿替圣克莱尔保密。圣克莱尔每天早晨和傍晚，都会在烟馆的三楼小屋子里更换装扮。早晨，他以一个邋遢乞丐的面目出现；到了晚上，他又变成一个**衣冠楚楚**的绅士。

不久，圣克莱尔就积攒了大笔钱财。他越有钱，野心就越大。他在郊区买了房子，后来结婚成家。

福尔摩斯探案与思维故事

2 花瓣的玄机

没有人怀疑过他的真正职业,就连他的妻子也只知道他是在城里做生意。

上周一,他刚结束了一天的营生,正在烟馆的房间里换衣服。无意间他在窗口往外望了望。这一望就出事儿了!他猛地看见他的妻子站在街上。四目相对,圣克莱尔吓了一大跳,他惊叫一声,连忙用手臂遮住脸,像弹簧一样跳离了窗口。他跳开后,立刻去找他的朋友——那个印度老板,拜托印度老板想办法帮他隐瞒。

圣克莱尔又飞快地脱下衣服,穿上乞丐的那一身装束。他涂上颜料,戴上假发。但他突然想到屋子也许会被搜查,那些衣服可能会泄露他的秘密。

于是,他**慌里慌张**地把窗户打开,由于用力过猛,不小心碰到早晨在家割破的伤口,流了血。他抓了许多硬币塞进上衣口袋里,让上衣变得沉甸甸的。圣克莱尔用力往外一抛,衣服立刻"**咕噜咕噜**"沉

到水底。他还想扔其他衣服，但就在此时，警察已经冲上楼了。来不及了！圣克莱尔只得把衣服藏在帷幕后面。

因为圣克莱尔精湛的乔装打扮技术，警察和圣克莱尔太太都没认出他，还把他当成了谋杀圣克莱尔的犯罪嫌疑人。

圣克莱尔知道妻子一定很担心，他偷偷取下戒指，趁警察不注意的时候，匆匆写了几行字，托付给印度老板，让他寄给圣克莱尔太太。

"那封信昨天才寄到她手里。"福尔摩斯补充道。

"我的天哪！这一个星期可真够她熬的！"圣克莱尔愧疚地抱住头。

"我知道那是怎么回事。"值班警官插嘴说，"我们派人盯着那个印度老板，大概他又受托替某个顾客寄信，结果那家伙完全忘了，这两天才想起来。"

"不过事情必须到此为止！"警官严厉地说道，

福尔摩斯探案与思维故事
2 花瓣的玄机

"圣克莱尔,你要是再扮成乞丐的样子乞讨,警察局就会把你的傻事全刊登出来!"

"我以两个孩子的名誉发誓,绝对不会再做这种傻事。"圣克莱尔真诚地说道。

"圣克莱尔,要是这样,我们也不会再深究了。"值班警官转过身,握住福尔摩斯的手,热情地说道,"福尔摩斯先生,非常感谢你帮助我们解决了这起案件!请问你是怎么找到答案的呢?"

"这个答案,"福尔摩斯幽默地说道:"全靠坐在五个枕头上,冥思苦想一夜得来的。**整个案子,其实留下了诸多线索,需要我们仔细观察、认真思考。**"

喵尔摩斯奇遇记

在本系列的《纸牌的秘密》一书里，穿越到福尔摩斯时代的喵博士见到了他的大偶像福尔摩斯。喵博士激动地想拜福尔摩斯为师，福尔摩斯却提出，喵博士首先要通过一系列考验才可以，之后便神秘消失了，喵博士也回到了现实世界。为了再次见到福尔摩斯，并找到神秘信件的寄信人，喵博士四处打听。他碰到抢珠宝店的大盗，帮助警察成功破案，又从消息灵通的百晓通那里获得了一些线索……

1
巷子里的"朋友"

福尔摩斯意味深长地说:"我们这是到了一个**平行空间**。不同时间轴上的人,有时候会在这里相遇。但是,需要触发一些特殊的开关。第一次是因为你来到我的博物馆,想见我的情绪太强烈了,就触发了开关,和我在平行空间里相遇。而今天呢,你想想,你触发了什么开关?"

喵博士听得似懂非懂。他努力回想,今天和福尔摩斯见面前发生过什么。"我刚才,想见你的情绪还是特别强烈啊,对了,我还帮你拍了拍你蜡像衣服上的灰尘。是不是特别想见你,又帮了你一点儿忙,就可以触发跟你见面的开关?"福尔摩斯回

答道:"只有极少数人偶尔会这样触发开关,但也并不是每次你做这些事都可以触发。"喵博士听得**云里雾里**的:"那如果我下次想见你,该怎么办呢?"

"有一扇时空之门,如果能打开它,就可以随时进入平行空间。以后你会见到它的。"

喵博士感到脑子里的问题越来越多:"你刚才说,只有极少数人才能触发开关,我就是属于极少数人里面的吗?"福尔摩斯点点头说:"对。不过你要小心,已经有人盯上你了。"

"啊?谁啊?"喵博士更疑惑了。福尔摩斯还没回答喵博士,就突然消失不见了。

喵博士突然感到天和地又开始旋转,他连忙抱住脑袋,后背死死地抵着墙壁。福尔摩斯留下的问题还在困扰他:时空之门?这到底是怎么回事呢?哎哟!忽然,一个小东西砸中了他。

喵博士低头一看,原来是个硬纸团。他捡起纸团,

疑惑地抬头张望。只见楼梯的转角处，一个黑影一闪而过，紧接着，他又听到一阵"咚咚咚"的急促的脚步声。喵博士急忙追了过去。当他冲到楼下时，只看到来来往往的人流，黑影早就消失在人群里了。

"跑得也太快了吧！简直像是飞毛腿。"喵博士一边想，一边展开纸团，纸上潦草地写着：

> 明天上午，从博物馆向西走一千米，有一家书店，书店后面有一条小巷，我8点在巷子里等你。
>
> 你的朋友

"这是谁给我的纸条呀？"喵博士拿着纸团，琢磨了好半天，还是没有头绪，"不想了不想了，头都想大了。明天去看看就知道了！"

第二天早上，喵博士迫不及待地出门去见这位

2 花瓣的玄机

"朋友"。可他刚走出博物馆就遇到了麻烦。纸团上说要向西走,可是路上也没有路牌,他又没有指南针,到底哪边是西呢?

喵博士抬起头,今天天气晴朗,太阳已经出来了。"哈哈,太阳从东边升起,从西边落下。现在是早上,太阳肯定在东边,那我往相反的方向走就对啦。"

没走多远,喵博士又遇到了一个麻烦。原来前面正在封路呢,不让行人过去。路口有一位高个子的工作人员,喵博士走过去,礼貌地问道:"叔叔,这儿为什么封路啊?我想过去。"

工作人员看了一眼喵博士,说:"一会儿那栋楼要施工了,你要想过去,还是绕路吧。喏,你顺着那条路走,走一个多小时就能绕过去。"

"一个多小时?那可不行,我会迟到的。"喵博士着急地说道,"叔叔,你们不是还没开始施工吗?要不你先让我过去吧,我不会乱跑的。"

"不行不行,你别在这儿添乱了。"高个子工作人员摇着头说。

正在这时候,又走过来一位戴着蓝帽子的工人,他手里拿着图纸,皱着眉问高个子:"这栋楼的高度好像标错了吧!在我的印象中,这栋楼没超过40米,可这儿怎么标的是43米?"高个子工作人员拿过图纸一看,疑惑地说:"不可能吧?画图纸的人怎么能犯这么严重的错误?你会不会是记错了?"戴蓝帽子的工人却坚持自己的说法。他们俩正争论着呢,喵博士凑过去瞄了一眼图纸,心里有了个主意,他对两位工作人员说:"叔叔们,如果我帮你们量出这栋楼的高度,你们能不能放我过去?"

他们惊讶地回过头看着喵博士,说:"别说大话了,你怎么量?"喵博士笑了起来:"你们别管我怎么量,先说能不能答应我吧。"戴蓝帽子的工人回答道:"行啊,你要是量出来,我亲自送你过去。"

福尔摩斯探案与思维故事
2 花瓣的玄机

喵博士高兴地说："你说话要算话哟！"

他环顾四周，找来一根细长的木棍，又对戴蓝帽子的工人说："叔叔，我需要你的配合。能不能请你站直一会儿？"戴蓝帽子的工人站直后，喵博士用细木棍量了量他的影子，又把木棍上多出来的一截掰断。他一边忙活一边问："叔叔，你多高呀？"戴蓝帽子的工人回答："正好1.7米，怎么了？"

"你就等着看吧。"喵博士调皮地眨了眨眼，然后一溜烟儿跑到了楼底下。他拿着刚才的那根木棍，一点一点地量起了楼房的影子。喵博士用木棍量了20次，刚好量完楼房的影子。

"小朋友！你到底在干吗呀？"喵博士的举动让两位工作人员摸不着头脑，他们开始不耐烦了。

"楼房的高度我已经量出来了！楼房高34米，图纸上标的43米，肯定是错的。"喵博士信心十足地说道。看到工作人员怀疑的眼神，喵博士解释说：

"叔叔,楼房的影子的长度是你影子的多少倍,楼房的高度就是你身高的多少倍。我举个例子吧,假如说楼房的影子的长度是你的影子的两倍,那么楼房高度就是你的身高的两倍。"

高个子在一旁接话说:"嘿嘿,小鬼,还真有你的。你的这根木棍正好跟他的影子一样长,而楼

房的影子是20根木棍的长度。所以,楼房的高度就是他身高的20倍,是吧?"喵博士站直身体说:"对啊,那栋楼的高度就是20个叔叔那么高,也就是20个1.7米,那不就是34米吗?"

戴蓝帽子的工人笑着说:"你看吧,我就说这图纸是错的。让人再核对下图纸,重新打印一份出来吧。"他又摸了摸喵博士的脑袋,温和地说,"来吧,我送你过去。"

就这样,喵博士顺利地通过了这里,及时赶到约定的地点。到那以后,果然,有个小个子男人站在巷子角落的阴影里。喵博士看不清对方的容貌,只能试探着问道:"嘿,是你约的我吗?你看起来有点儿眼熟。""喵博士,我们又见面了。"小个子男人抬起头,眯着眼睛笑道。"百晓通,原来是你呀。"喵博士认出了对方,他在心里不满地嘀咕道:"我哪儿有这种怪脾气的朋友啊,要知道是他,

我就不跑这一趟了。"

百晓通像是看穿了喵博士的心事,他热络地走上来,揽住喵博士的肩膀说:"喵博士,你崇拜福尔摩斯,我也崇拜福尔摩斯。就冲这一点,我们就已经是好朋友了!"

听到福尔摩斯的名字,喵博士的表情温和了许多。他偏过头说:"百晓通,想不到你也是福尔摩斯迷呀。"

"是啊。喵博士,既然咱俩是朋友,我就帮你一把,为你指点迷津。我知道,你见过福尔摩斯。"百晓通神秘地眨了眨眼。

百晓通这个人绝对不简单,他到底什么来头呢?为什么特意约喵博士见面?

等价转换：从已知推断未知

1. 在一个晴朗的早晨，喵博士要去西边找一位神秘人。在没有路牌，又没有指南针的情况下，他到底该怎么分辨方向呢？

2. 如果要估算一栋大楼有多高，你有什么好办法吗？

小提示

1. 可以通过转换的方式，把问题转换到能间接表现出方位的其他物体上。自然界中有很多线索，能够帮助我们判断方位，最常见的就是太阳，要学会利用它哟！

2. 这里也需要用到问题转换的思维方式，在无法直接测量楼房高度的情况下，就要想办法把问题转化为可测量的。楼房和人都是直立的，影子都在地上，在同一片日光下，楼房的影子长度是人影长度的多少倍，楼房的高度就是人的身高的多少倍。所以如果知道了人的身高、人影和楼影的长度，是不是就可以得出楼房的高度了呢？

答案：

1. 在晴朗的白天，我们可以根据日出、日落，判断出东方和西方。太阳从东方升起，从西方落下。既然现在是早上，太阳肯定在东方，那喵博士往相反的方向走，就对啦。

2. 喵博士用一根和人影长度相等的木棍丈量楼房影子的长度，得出的结果是楼房的影子是20根木棍的长度。所以，楼房的高度就是他身高的20倍。

2
开启时空之门

喵博士挠挠头,不知道该怎么回应百晓通。百晓通摸了摸自己的小胡子,笑眯眯地说道:"你不用解释了,我都知道。我既然叫百晓通,自然是对各种奇闻逸事**无所不知,无所不晓**。福尔摩斯跟你说过时空之门的事儿吧?"

"啊?"喵博士诧异地瞪大了眼睛,问道,"这你也知道?"

"那当然。"百晓通俯下身,从背包里拿出一块石板,他轻轻拍了拍石板,说道,"我知道怎么开启**时空之门**,这就是钥匙。"

"这块石板有这么大的作用?"喵博士狐疑地

问道。

"开启时空之门,一半靠石板,一半靠开启者。喵博士,你把前爪放上去。"百晓通说着,挑了挑眉。

喵博士伸出自己的爪子,轻轻地按在了石板上。奇妙的事情发生了——喵博士的面前慢慢浮现出了几行字:"你现在正在尝试获取开启时空之门的方法。请注意!请注意!如果没通过测试,你将没有第二次机会。"

"测试？这是什么意思？"喵博士扭过头问道。

百晓通的脸唰地变了颜色，他尴尬地说道："别管那么多了，看看石板上写着什么。"

喵博士又把注意力放在那些字上。只见上面写道："为了测试你的能力，你需要独立完成两道考验题，每道题只有20秒的思考时间。"

提示文字消失后，喵博士的面前出现了第一道题："请看图，试着寻找这两组图的规律。请问，下面选项里的哪个选项最适合放在最后一个框里？"

喵博士还没看完题目呢，倒计时已经开始了："20，19，18……"

2 花瓣的玄机

"啊?这都是些什么乱七八糟的图啊!"喵博士紧张地比画着,额头上渗出了汗珠。时间一秒一秒地流逝,喵博士闭上眼睛,努力让自己冷静下来。"有了!"他突然大喊一声,按下了某个选项。

石板"嘀"地响了一声,接着弹出一个密码框,密码框里已经显示了7个数字,后面还有2个空格。下面有行提示:"请输入密码的最后两位。"

| 0 | 1 | 1 | 2 | 3 | 5 | 8 | | |

倒计时又开始了:"20,19,18……"喵博士眼睛死死盯着前面7个数字,脑子则飞快地转动着。最后两个数字是什么呢?前面的7个数字有什么规律吗?"啊,我知道了!原来是这么推算的!"喵博士信心十足地在密码框里写上两个数字。

这时,喵博士的面前出现了新的字:"恭喜你,能力测试通过。"哇,太棒了!

紧接着,喵博士又看到以下提示:"接下来你将接受品格测试,请再次把手放在石板上。系统将会测试你的品格。心地善良者可以顺利通过测验,心术不正的会受到电击的惩罚。"

"百晓通,这又是什么呀?"喵博士转过头,正好看到百晓通打了个冷战,看起来很害怕的样子。不过,他一接触到喵博士的眼神,脸上立刻堆满了笑:"你就按它说的,接受测试就好了。肯定能通过的。"

喵博士按照石板的指示,忐忑地把爪子按了上去。几秒后,奇妙的事情发生了,石板渐渐变得柔软起来,最后变成了泥土般的质地,喵博士的爪印印在了石板上。但他一抬起爪子,石板就又恢复成原样。

"品格测试通过!你将获得专属的开启时空之门的方法。这个方法只属于你自己,他人使用无效。"

"专属?哇,这也太神奇了吧!"喵博士忍不

住赞叹道。

接着，他发现了另一种颜色的字："喵博士，你开启时空之门的专属方法是用手指在空中画一个框，同时在心里默念福尔摩斯的名字。穿过这个框，即可去往平行空间。"

"喵博士，你成功了是吗？"百晓通一边激动地说着，一边粗鲁地抢过石板，"奇怪，这上面什么都没有啊！"

"没有字吗？"喵博士又看了石板一眼，心里纳闷儿极了，他想，"明明写得清清楚楚呀！哦，我知道了，这一定是石板的**保密设置**，只有通过测试者才能看见。也不知道百晓通是什么来头，到底是好是坏，还是先别告诉他吧。"

喵博士也装作疑惑的样子，说道："奇怪呀，是不是这块石板坏了？要不，你找人修一修？咦，石板背后还有一个**字母 M**，这是什么意思呀？"

"不知道!"百晓通闷闷不乐地回应道,"喵博士,要不你先回去吧,我自己再琢磨一下。"

正好,喵博士也想找个人少的地方试一下新方法,他跟百晓通道别后,迅速离开了小巷。

"出来吧,那只傻猫走远了!"百晓通吆喝了一声,一个黑影敏捷地从墙那边翻过来。你们知道这人是谁吗?他就是在珠宝店用假钞骗走珠宝的黑衣人,外号"飞毛腿"。

"百晓通,我不明白,你为什么要让我去送信把这只猫约过来,还把开启时空之门的机会让给他!"飞毛腿**愤愤不平**地说道。

"哼!要是有别的办法,我也不愿意把这个机会拱手让人!可是你能通过'品格测试'那一关吗?"百晓通无奈地说道。

"该死!就是这一关!本来石板是我们的备用钥匙,没想到福尔摩斯那次闯进实验室,在这上面

福尔摩斯探案与思维故事
2 花瓣的玄机

动了手脚,故意加上这项无聊的测试!咱们之前试了那么多次,全失败了,还被电了个半死。"飞毛腿生气地踢开脚下的石子儿。

"那只猫刚才走的时候笑得那么开心,肯定已经知道怎么开启时空之门了。哼,他防着我呢,可恶!不过……"百晓通冷笑了两声,"咱们以前想穿越时空,只能偷偷尾随福尔摩斯,还生怕被他发现,现在只需要盯着那只猫就行了。跟踪他可比跟踪福尔摩斯简单多了。福尔摩斯太狡猾了,上次你好不容易拿到手的那枚戒指,居然是假的!飞毛腿,你接下来就盯住那只猫,想办法去见教授。你告诉教授,我们的第一步计划成功了!"

原来百晓通指导喵博士并不是出于好心。喵博士有没有察觉呢?

和百晓通分开后,喵博士径直去了郊外的树林里。喵博士打算先找一个僻静的地方试验一下,看看石板

喵尔摩斯奇遇记

给的方法是不是真的。喵博士伸出爪子，在空中画了一个大方框。画完以后，他闭上眼睛，一边**虔诚**地念着福尔摩斯的名字，一边往前跨了一大步。

喵博士站定后，忐忑地睁开了眼睛。哇！奇特的事情发生了。一道白光闪过后，周围的景象居然全变了样。身边绿意盎然的树木都不见了，喵博士发现自己现在正站在一片枯黄的草地上。

咦，远处好像有一个人正朝着喵博士走来——瘦高个儿，戴着大礼帽，步履匆匆。等到那人走得稍微近一些时，喵博士定睛一瞧：嘿，这不就是福尔摩斯嘛！

"福尔摩斯先生！福尔摩斯先生！"喵博士热情地迎上去，"你看，我有办法来找你了。"

"喵博士，你怎么会出现在这里？"福尔摩斯见到喵博士突然出现在面前，一时有点儿诧异。

"上次你提到有一个可以穿越时空的'时空之

门',如果能打开它,就可以随时进入平行空间见到你。可是你刚说完就消失了。后来,我们那个时代对各种奇闻逸事无所不知的百晓通,拿出一块石板来让我回答问题,我答对了问题,石板上给出了如何进入平行空间的方法。我照着试了一下,果然就进来了!"喵博士**眉飞色舞**地说。

没想到,福尔摩斯听了后却表情凝重,他连忙问道:"给你石板的人,看到你是如何操作的吗?"

"没有,没有!"见福尔摩斯这个样子,喵博士也不禁紧张起来,"我特意留了个心眼儿,因为不知道这个百晓通到底是好人还是坏人,所以偷偷走到一个没人的树林里试验的。"

"喵博士,你做事果然小心谨慎。"福尔摩斯赞叹道。

听到福尔摩斯的表扬,喵博士脸上的表情立刻阴转晴啦!于是,他赶紧请求道:"福尔摩斯,你

之前说要我接受考验,现在算是过关了吗?我想跟着你一起探案!"

福尔摩斯语重心长地说:"喵博士,刚开始见到你时,我觉得你有点儿毛躁,但经历了前面的挑战,我发现你成长得很快。我可以带上你,但是,接下来的案子可就没那么简单了,说不定还有生命危险。你真的愿意吗?"

"我愿意!当然愿意!我会保护好自己的!"喵博士激动地说。

"那好吧,万事多加小心。以我的判断,接下来我们可能会碰到更棘手的难题,要面对的敌人狡猾得很!绝不可掉以轻心啊!"

"好,我明白了!"

1. 在开启时光之门的石板上,出现了神秘图形,只有回答正确才能通过此关。请在下面的题目中寻找规律,再从A、B、C、D四个选项中找出最适合的放在带"?"的方框里。

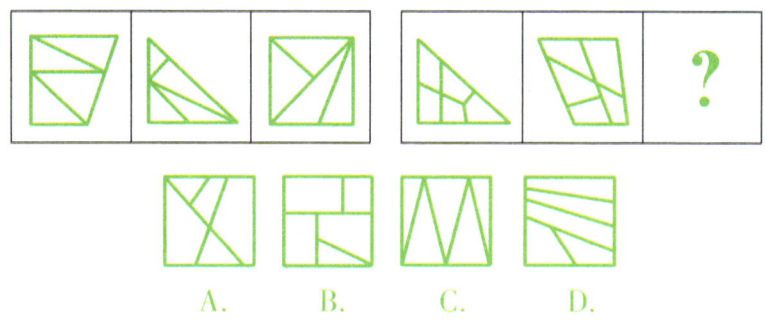

2. 有个九位数的密码,前七位如下,请输入密码的最后两位。

| 0 | 1 | 1 | 2 | 3 | 5 | 8 | | |

小提示

1.同学们要学会透过表面现象发现事物的本质特征,找出事物之间的联系和共同点。左边的三个图形,看起来千差万别,但如果再仔细观察,就会发现每个图形都被切成了好几个小图形,你们有没有发现,被切出来的小图形全都是三角形呢?提示就到这里,带着这个思路再去观察观察吧!

2.最后两格中的数字一定和前面七个格子中的数字有关,请思考一下,密码前七位数字有什么规律?

答案：

1.还是先看上页题目中左侧的一组图，提示中说到，每个图形被切成了几个小三角形，数一数每个图形被切成了几个小三角形呢？是不是都是4个呀？现在再来看右边的那组图。每个图形是不是都被切成了好几个小四边形呀？发现这个秘密后，再来数数被切出来的小四边形的个数吧，第一个图形中有5个，第二个图形中也有5个。现在只要在A、B、C、D四个选项中找到被切成5个小四边形的那个图形就可以啦！选项D是正确答案。

2.原来，这串数字的秘密在于，从第三个格子开始，后面的数字都是前面两个数字的和。例如：第一格里的0加上第二格里的1，恰好等于第三格里的1。再往后看，第二格里的1加上第三格里的1，又恰好等于第四格里的2。再往后，1+2=3，2+3=5，3+5=8，那么答案很明显了，5+8=13（13中的"1"和"3"分别放入第八格和第九格中），所以密码的最后两个数字应该是1，3。

3
真假三人组合

喵博士看着四周陌生的环境,好奇地问道:"福尔摩斯先生,我们现在是在哪里?你这又是要去哪儿啊?"

"我们现在在牛津市,这座城市离伦敦不远。我刚下火车,没走多远就碰上了你。我这次出门是为了格林老先生的案子。格林老先生让我帮他找人。他还记得恩人以前住的地址。那地方在牛津郊外的威林村里。雷斯垂德警探已经先动身去当地查看了。不过那人早就搬走了,雷斯垂德警探应该找不到什么有用的信息。"

终于能亲自参与办案,喵博士激动的心情久久

不能平复。他哼起了歌,步伐也变得轻快起来。

福尔摩斯却慢慢停下脚步,他探头看了看前方,又回头看了看走过的路,疑惑地说:"欸,我记得那村子就在前面啊,怎么走了半天还没到。周围都是荒地,也没什么路标。喵博士,我们好像迷路了。"

"啊?"喵博士连忙抬头看看天。今天是阴天,太阳躲在厚厚的云层里不出来。没有太阳,喵博士也辨不清方向。

忽然,喵博士注意到前方有块大石头,有两个人正靠在石头上打盹儿。

"那儿有人,我去找他们打听一下。"喵博士说完,快步走了过去。他轻轻拍了拍其中一个人,说道:"两位先生,打扰你们休息了,实在抱歉。我们好像迷路了,你们能不能……"

"吵什么呀?还让不让人休息了?"两个人都睡眼惺忪,还**骂骂咧咧**地伸了个懒腰。过了一会儿,

他们突然热情地问:"想问路啊?行啊,我们认识路。"

他们突如其来的热情让喵博士很不适应,他指着面前的路,拘谨地问道:"请问去威林村是走这条路吗?"

"是!""不是!"两个人给出的答案相反。

"啊?这……这是什么意思呀?"喵博士被弄糊涂了,不知所措地问道。

看到这幅景象,福尔摩斯走了过来,对喵博士说:"我知道了,这大概就是真假两兄弟。我听说过他们。兄弟俩脾气特别古怪。一个人只说真话,一个人只说假话。你这样问他们,肯定是问不出正确答案的。"

"那我该怎么问呀?"喵博士皱着眉头说,"难道要问,这不是去威林村的路吗?"

"不是!""是!"兄弟俩又同时给出了不同的答案。他俩的声音太大,吓得喵博士直哆嗦。

怎么样才能让他们说真话呢?喵博士的眼珠滴

溜溜地转了几圈，他想出了一个好办法。他笑嘻嘻地问道："请问，你们俩都是男的吗？""哈哈哈哈哈，我是我是！"其中一个人捂着肚子大笑起来，连连点头称是。另一个人的脸唰地涨红了，他难堪地抱着手臂，硬着头皮说："不是！"

喵博士打趣道："原来你就是说假话的那个人呀。"喵博士又指了指其中的一条路，问道："那么，

2 花瓣的玄机

前面这条路对吗?"说真话的人说:"是!"说假话的那个人低下头,小声说:"不是!"

"谢谢你们,我知道了,我们就走这条路!再见啦!两位朋友。"喵博士转过身,冲福尔摩斯眨眨眼睛,那神情仿佛在说:"福尔摩斯,我的表现还不错吧?"

同学们,喵博士在找不出正确答案的时候,想办法逼说假话的人露出破绽,这样他就知道谁给的答案是错的了。那么找到正确答案就不难啦!

福尔摩斯和喵博士顺着道路继续走。不久,前方又是个岔道口,有两条路,他们不知该选哪一条。正好,路口的树下有三个人坐着在闲聊。喵博士又走过去问路。这三个人笑着回答:"你怎么敢找我们问路啊?"喵博士心里一惊,不由得说道:"这附近的人怎么都这么奇怪啊?"福尔摩斯说:"这不会是真假三人组合吧?这一带的人是出了名的喜

喵尔摩斯奇遇记

欢恶作剧。有个真假三人组合,他们遇到外地人,只有一个人说的是真话,其他两个人说的都是假话。所以,外地人很难从他们这儿得到帮助。你想办法解决一下吧。"

喵博士想起刚才的办法,又笑嘻嘻地问道:"请问,你们都是男的吗?"没想到,这三个人都假装没听到这个问题,根本不搭理喵博士。这招不行,得想别的法子了。喵博士想了想,试探性地问道:"那么请问,你们谁说的是假话啊?"三个人哈哈大笑,说:"嘿,你怎么会问这么傻的问题?我们是真假三人组合。就算我们回答了,你敢信吗?"其中一个穿红色衣服的指着穿黄色衣服的说:"喏,这个穿黄色衣服的家伙说的是假话。"说完,他们又哈哈大笑起来。

喵博士倒没生气,他安静地想了想,走上前去问另一个穿蓝色衣服人的说:"先生,能否请你给

福尔摩斯探案与思维故事
2 花瓣的玄机

我指一下路呢？前面这两条路，该选哪条啊？"穿蓝色衣服的人笑着说："懂得找我问路，有眼光！"说着，给他们指了一条路。喵博士鞠了一躬，说："谢谢你给我指路。"说完，他往另外一条路走去。福尔摩斯哈哈大笑起来，和喵博士一起往前走。同学们，喵博士他们没往穿蓝色衣服的人指的方向走，而是走了另外一条路。你们知道为什么吗？

过了好久，他们眼前真的出现了一个村落。他们走进村子，找到格林老先生给的那个地址，正好看到雷斯垂德在向附近的人打听。

喵博士留意到，雷斯垂德愁眉苦脸，表情非常严肃。他忙活了老半天，有没有收获呢？福尔摩斯和喵博士又能在这里发现什么有用的线索呢？

逻辑推理：
简单好用的穷举法

1. 喵博士向兄弟俩问路，其中一个人只说真话，另一个人只说假话，喵博士怎么才能知道他们俩谁说的是真话呢？

2. 有两条路，但不知道该走哪一条。喵博士向三个人问路，这三个人分别穿着红色衣服、黄色衣服和蓝色衣服。三个人中只有一个人说真话，但不知道具体谁说真话谁说假话。穿红色衣服的人说，穿黄色衣服的人说的是假话。接下来，喵博士马上就知道穿蓝色衣服的是说假话的人。你知道这是为什么吗？

小提示

1. 当没法得出正确答案时，可以想办法先证明谁在说假话，排除之后即可确定哪个人在说真话。那怎样才能证明呢？你可以从只有唯一答案的问题入手。例如，你可以问："鲸鱼是不是生活在大海里？"回答"不是"的那个人，肯定就是说假话的那位了。

2. 有时遇到的一些问题，看起来很复杂，但如果把几种情况都列举出来，答案一下就出来了。这种方法叫穷举法，是数学中常用的方法，简单易学，还经常被运用在计算机编程中呢！所以在这次挑战中，你可以把穿红色衣服的人说真话和说假话的两种可能都列举出来。首先假设穿红色衣服的人说的是真话，之后再假设他说的是假话，再从两次假设中看看有什么新发现。

答案：

1. 既然兄弟俩都是男的，那通过问他们的性别是什么，肯定马上就能看出哪个是说谎的人，再从说真话的人那里打听方向。

2. 我们只要做两次假设，就能知道原因了。

先假设穿红色衣服的人说的是真话。既然真假三人组合里只有一个人说真话，那么穿黄色衣服的人和穿蓝色衣服的人肯定都是说假话的。

我们再假设穿红色衣服的人说的是假话。既然他说穿黄色衣服的人在说假话，那穿黄色衣服的反而就是说真话的人啦，而且是唯一说真话的人。这么一来，穿蓝色衣服的还是说假话的人。

你们有没有发现一个重要的信息？不管穿红色衣服的人说的是真话还是假话，穿蓝色衣服的人都在说假话。难怪喵博士一下就判断出来，穿蓝色衣服的人肯定在说假话呢。所以只要喵博士沿着穿蓝色衣服的人没有指的那条路走，就肯定是对的了。

4
铁盒里的秘密

雷斯垂德也看见了福尔摩斯和喵博士,他像是见到救星一样,眼睛猛地一亮。雷斯垂德快步迎上来,一边把福尔摩斯他们往屋子里引,一边说道:"福尔摩斯,你们可算来了!"

福尔摩斯点头示意:"怎么样,雷斯垂德,事情进展得顺利吗?"

雷斯垂德摇头苦笑,说:"这儿就是一处荒宅。以前住在这里的是叫比尔的父子俩。格林老先生要找的人应该就是他们。可是他们俩二十多年前就搬走了。我带人搜查过所有房间,咳,灰尘厚得可以在上面写字了,呛得我喉咙疼。屋子里面的布置就

福尔摩斯探案与思维故事
2 花瓣的玄机

跟普通农户一样。我询问过村里的老人,老人们说他们父子俩当年也是从其他地方搬来的。他们搬来以后,经常闭门不出,也不爱跟大家打交道。当地人根本不知道他们的底细,更不知道他们后来搬到哪儿去了。"

"哦,这就麻烦了。"福尔摩斯皱起了眉头,说,"雷斯垂德,你搜查过屋子吗?有没有收获?"

"收获嘛,还是有一点儿的。"雷斯垂德脸上浮现出得意的笑容,"我在墙角发现了一块松动的墙体。我敲了敲,发现那面墙居然是空心的。取下几块砖以后,我找到了一个**铁盒**,不过铁盒上有锁。"

福尔摩斯轻轻挑起眉毛,问道:"雷斯垂德,你找到钥匙了吗?"

"我把屋子翻了个底朝天,也没找到钥匙。不过这难不倒我。"雷斯垂德得意扬扬地说道,"我直接把铁盒上的锁砸开了,哎,还不小心把我的手

划伤了,我就涂了点儿碘酒消毒。"雷斯垂德一边说着,一边兴奋地把铁盒抱过来。

福尔摩斯拍了拍他的肩膀,无奈地说道:"雷斯垂德,我还从来没见过像你这么聪明能干的警探。"

雷斯垂德忙着炫耀自己的发现,根本没有听出福尔摩斯在**揶揄**他。他眉飞色舞地说道:"那当然。福尔摩斯,你看,这铁盒被装得满满当当的,里面全都是些写满字的纸。我猜啊,这些纸藏得这么隐蔽,说明它们肯定大有来头。我打算带回去好好研究一下。我一张一张地看,总能发现一些蛛丝马迹。"

福尔摩斯翻了翻那些纸张,说道:"雷斯垂德,你别白费力气了。这就是一箱用过的草稿纸,你看,上面全是些数学公式。哦,你可能看不懂,这些公式挺复杂的。看来屋子的主人受过很好的教育。"

福尔摩斯把铁盒里的纸全都倒了出来,然后仔细地观察这个空铁盒。忽然,他注意到盒子底部的

福尔摩斯探案与思维故事
2 花瓣的玄机

右上角有些奇怪。这块地方的颜色比周围浅一些,看起来像是经常被人触摸。福尔摩斯伸出手指,尝试着按了一下。"咯噔"一声,盒子底部的一小块铁板弹了起来,下面露出一串数字:

1	9	3	6	5		7	0	9

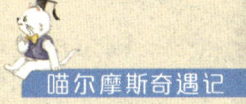

喵博士凑过去看,问道:"咦,这是什么?"福尔摩斯摸着下巴说:"这是个密码锁。你看,这串数字的中间空了一位,设置了可以转动的数字滚轮。这应该就是要输入的密码。"喵博士凑过去一看,数字下面还有一行小字:"请勿输错密码,如果连续输错2次,密码锁将永久锁死。"

福尔摩斯对喵博士说:"看来得破解出中间空格处的那个数字。喵博士,你来试试吧。"

喵博士不敢大意,他盯着那串数字,仔细地观察起来。中间空的那个位置,会是什么数字呢?喵博士先着手分析前几个数字之间的关系。以前他就是这样找出数字的规律,破解了密码。1,9,3,6,5……这些数字有什么规律?喵博士怎么也找不出来,急得抓耳挠腮。

福尔摩斯将双手抱在胸前,在喵博士身后看着数字,提醒道:"如果把这串数字拆成两组呢?""拆

2 花瓣的玄机

成两组？"喵博士歪着头自言自语。突然，他眼睛一亮，说："我知道了！"他的手略微颤抖地把密码轮转到一个数字，只听"嘀嘀"两声，锁开了。喵博士激动地大喊起来："密码输对了！"

同学们，你们知道密码是多少吗？

福尔摩斯把盒底往上一提，一个隐蔽的夹层显露在他们面前。夹层里装着一沓纸，福尔摩斯小心翼翼地拿了出来。展开纸张一看，这是一张泛黄的英国地图。地图上标记了好几座城市。看路线的指示，应该是从伦敦出发，一路向西北走，途经牛津，不过，最后却又猛地折回了伦敦。这是什么意思呢？福尔摩斯的大脑迅速运转，他在脑海里搜索有关这条线路的信息。

"对了，福尔摩斯，上次你给我的那封亲笔信我还带着呢。哦，就是格林老先生给你的那封。我拿回去琢磨了好几天，没什么发现。还是先还给你

吧。"雷斯垂德把信从外套口袋里取出来。

"福尔摩斯先生,我能看看信吗?"喵博士鼓起勇气问道。

"当然可以。"福尔摩斯接过信,转手递给了喵博士。喵博士捧着信,认真地读了起来:"亲爱的格林:人活一世,总会遇到各种各样的困难,不轻易放弃,总能等到云开雾散的一天。你一直说想在首都立足,我相信你一定能实现这个梦想。这枚戒指送给你,日子实在过不下去的时候,你可以把戒指当掉,换些现金应急。若是有缘,我们故地再见。你的朋友比尔。"

"故地再见是什么意思呀?"喵博士疑惑地问。

"故地,就是以前一起待过的地方。既然他们是在这个叫威林的村子里遇见的,那肯定是说,有缘就能在这里相见嘛。"雷斯垂德给出了自己的解释。

"故地再见"真的是这个意思吗?

喵博士要破解一个特殊的密码，一串数字中间缺一个数字，这个缺失的数字，就是他们要输入的密码。如果密码连续输错2次，密码锁将永久锁死。仔细观察这串数字，你能发现这其中的秘密吗？

| 1 | 9 | 3 | 6 | 5 | | 7 | 0 | 9 |

小提示

将这串数字拆成两组，试着找寻其中的规律。具体怎么拆呢？你可以按前后顺序拆分，比如前几个数字一组，后几个数字一组；也可以按照一定间隔摘取出数字组成一组，比如奇数列的数字（也就是单数列上的数字）分一组，偶数列的数字（即双数列上的数字）放一组，看看哪种分组方式最能帮到你。

答案：

如果把这串数字连着看，怎么也看不出有什么规律。但是如果把它们间隔着错开来，分成两组呢？你们看，红色数字分别是1，3，5，7，9，它们都是单数，每两个数之间都相差2。

| 1 | 9 | 3 | 6 | 5 | | 7 | 0 | 9 |

　　按照这个规律，我们再看看黑色的那组数字吧。它们有什么样的规律呢？你们看，9-6=3，如果在空格填上3的话，6减3也等于3。再往下看，如果把在空格那里填的3减去后面的0，还是等于3。这样的话，黑色的那组数字中，前一个数字减去后一个数字都正好等于3。所以，空格处就应该填3。这样，规律就被我们找到啦！

5
隐形的家族徽标

答案真的是这样吗?福尔摩斯没有发表自己的看法,他严肃地指着信纸上的**蓝色斑点**问道:"雷斯垂德,这是什么啊?我记得给你的时候没有吧?"

"嗯……那个……我刚才给伤口消毒的时候,不小心洒了两滴碘酒上去。"雷斯垂德窘迫地移开了目光。

福尔摩斯接过信,盯着上面的蓝色斑点看了很久。突然,福尔摩斯拿起身旁蘸过碘酒的棉签,仔细地涂抹起了那封信。信件立刻被染上了一层浅浅的蓝色。

雷斯垂德大惊失色,他不满地叫嚷道:"福尔

摩斯！虽然暂时没找到线索，但你也不要破坏它呀！说不定什么时候用得着呢！"

福尔摩斯镇定自若地说道："现在就用得着。你们先看看吧。"

雷斯垂德将信将疑地看了一眼福尔摩斯，又扭过头看桌上的信件。喵博士也好奇地凑上去看。只见涂抹过碘酒以后，信纸上居然显示出一些蓝色的印记，看起来像是一个徽标。

"哇！这也太神奇了！这种纸一定很昂贵吧。"喵博士感叹道。

福尔摩斯轻笑一声，解释道："这种纸只是普通的纸。不过是制作纸张的时候，多了一道工序。简单来说，应该是工人用含有淀粉一类的液体，在普通的纸张上面绘制图案。液体干了以后，不会在纸张上留下痕迹。不过，一旦碰上碘酒，淀粉和碘酒就会发生化学反应，显示出蓝色的印记。"

2 花瓣的玄机

"福尔摩斯!这个方法听起来既简单又有趣,我可以用这种方式给我的朋友们写密信!"喵博士兴奋地说道。

"当然可以,"福尔摩斯笑着说,接着又把目光投向了信件,"这个印记看起来很眼熟。"突然,他直起身子,大声说:"喵博士,雷斯垂德,别忙活了,我们回伦敦吧,我知道去哪儿找这个人。"

一旁的雷斯垂德诧异地转过身来,问道:"福尔摩斯,你已经找到人了?"

"现在还没有,不过我知道该去哪儿找他。"福尔摩斯自信地说道,"格林老先生把戒指和亲笔信托付给了我。那枚戒指精美华贵,价值不菲,我推测戒指的主人不太可能是普通人。今天的实地调查,我认为雷斯垂德发现的那一盒稿纸没什么大用处,不过它证明了比尔先生受过很好的教育。这样的人竟然会居住在一个小村庄里,不由得让我怀疑,

比尔先生是位没落的贵族。果然，刚才我发现了那封信的秘密。信的主人并不是故意暴露身份。只是，他们家族以前用的纸张都是特制的，纸上印有隐形的**家族徽标**。比尔先生无意中使用了这种纸。"

"福尔摩斯，你认识这个徽标吗？"喵博士问道。

"正好了解过，我之前写过一篇文章，专门介绍各大家族的历史和背景。要想当一名合格的侦探，必要的信息储备还是少不了的。"福尔摩斯重重地敲了敲桌子，肯定地说道，"这个徽标属于霍华德家族。"

"霍华德家族！"雷斯垂德惊讶地说道，"就是那个因为政治斗争失败，被迫隐姓埋名远走他乡的家族吗？哦，我以前听说过他们的故事。他们家族确实只剩父子二人了，原来就是比尔父子俩啊。可是，说了这么多，我还是不知道该去哪儿找人！"

"答案已经浮出水面了。"福尔摩斯拿起先前

福尔摩斯探案与思维故事
2 花瓣的玄机

从铁盒夹层找到的地图,说,"这张英国地图上标记的线路,应该就是他们到过的地方,你看,目的地最后指向的是伦敦。还有那句'故地再见',最开始我也以为是威林村。后来,我又读了一遍信件,比尔提到,格林当年的梦想是在首都立足。再联系霍华德家族的历史,比尔说的'故地',也有可能指的是他们家族过去在伦敦的住所。比尔当年帮助了格林,但并没有想过要格林报答,所以他很可能只是随口说了'故地'这两个字。难怪格林老先生一辈子都没有再跟他重逢。"

"原来是这样。福尔摩斯,在我的帮助下,你破案的速度越来越快了。"雷斯垂德拍拍福尔摩斯的肩膀,得意扬扬地大声宣布,"现在,我们只需要回伦敦,去霍华德家族旧址附近打听一番,一切就大功告成啦!我记得他家的园子早就荒废了,周围的居民也不多,哈哈,我看见成功在向我招手了。"

听了雷斯垂德的话,福尔摩斯和喵博士相视一笑,无奈地耸耸肩膀。

福尔摩斯他们刚走不久。两个一直躲在树上的人跳了下来。其中一个人问道:"霍华德家族的旧址?是这个地方没错吧?"另一个人拍拍胸脯说道:"肯定没错,我听得一清二楚。我们得抓紧时间通知在伦敦的兄弟,一定要在福尔摩斯他们赶到之前,绑走比尔父子俩!换成我们自己人!"

福尔摩斯他们根本不知道,有人竟然偷听了他

福尔摩斯探案与思维故事

们的对话。他们步行到城里，搭上了回伦敦的火车。一下火车，他们就直奔霍华德家族的旧址。霍华德家族衰败以后，整座园子也没有人住，一直荒废着，旧址周围只住了几十户普通人家。

喵博士想到马上就能找到比尔先生，心情万分激动，他兴冲冲地走在队伍最前面。这么多户人家，比尔父子俩住在哪里呢？路边正好有两个年轻女孩在说笑，喵博士快步走上前问道："你好，请问这儿住着叫比尔的父子俩吗？"

"比尔？怎么都在打听比尔？"两个女孩咯咯笑了起来，回答道，"我们为什么要告诉你呢？嗯，你看起来还挺可爱的……要不这样吧，你跟我们玩个游戏，你要是赢了，我就告诉你。"喵博士疑惑地问道："什么游戏？"一个女孩顺手摘下路边的一朵花，数了数花瓣，说："这朵花有9片花瓣，我和你轮流摘花瓣，每次只能摘1片或2片，谁最

后摘到花瓣,谁就是赢家。"

喵博士想了想,爽快地答应了。他绅士地说道:"女士优先,请你先开始吧。"他们俩轮流摘花瓣,喵博士是最后摘花瓣者。

另一个女孩坐不住了,她不服气地说道:"你这只小猫别得意,你只是赢了我的朋友,还没过我这一关。我们也来比一比。你看,我手里这朵花有10片花瓣。我先摘吧。"

喵博士却说道:"刚才是我后摘的,我赢了。为了公平起见,这回换我先摘,你后摘吧。"

女孩想了想,觉得有几分道理,同意让喵博士先摘。这回,喵博士又赢了。

喵博士为什么能连赢两次呢?是巧合吗?还是他有什么特别的策略呢?同学们可以自己先动动脑筋思考,再去看后面的答案。至于那两个女孩,到底能不能告诉喵博士他们有用的信息呢?

逻辑推理：
突破惯性思维的逆向思维法

喵博士找两个女孩打听比尔先生的消息，但前提是必须在游戏中赢她们。在第一个挑战中，女孩摘下一朵花，这朵花有 9 片花瓣，她要和喵博士轮流摘花瓣，每次只能摘 1 片或 2 片，谁最后摘到花瓣，谁就是赢家。喵博士应该怎样才能保证自己肯定能取得胜利呢？下一个挑战是，第二个女孩手里的花有 10 片花瓣，喵博士应该采取什么策略呢？

小提示

怎样能保证喵博士在这个游戏里始终能赢呢？那就是让对手在最后一次摘花瓣的时候，不管怎么摘，喵博士都能在最后把花瓣摘走。如何才能把复杂的局面转化为你能控制的局面呢？

答案：

我们先来说说第一个挑战。一共 9 片花瓣。如何才能确保不管对方怎么摘，喵博士都能最后摘到花瓣呢？这就要从结果来倒推了。最后一轮，喵博士怎么操作才会赢？如果最后一轮正好剩下 3 片花瓣，对手摘 1 片，喵博士就摘 2 片，喵博士胜出！对手如果摘 2 片，那么喵博士就摘 1 片，还是喵博士胜出！所以，喵博士要保证两件事，一件是最后一轮剩下 3 片花瓣，另一件是喵博士在最后一轮是后摘花瓣的。

　　既然一共有9片花瓣。9正好是3的倍数，喵博士强调"女士优先"，其实就是自己计谋的一部分。喵博士只要让对手先摘，他自己后摘，保证每一轮都刚好摘3片花瓣。那么，到最后一轮就剩下3片花瓣了，喵博士又是那个后摘的。这样他就一定能赢。

　　第二个挑战变成了10片花瓣。怎么样才能再获得主动权呢？那就想办法把10片花瓣变回9片，回到和刚才一样的情况。喵博士先发制人，要求先摘花瓣。当他摘下1片花瓣后，花儿又变成了9片花瓣。当花瓣剩9片以后，又轮到女孩先摘，喵博士后摘，应对的策略就和上一局一模一样了。

　　这就是倒推法，也就是从我们想要的结果来倒推。

6
真假威尔逊

上一节我们讲到，喵博士在摘花瓣的游戏中连赢两局，两个女孩遵守承诺，把她们知道的情况告诉喵博士："这儿没有叫比尔的父子，倒是有叫威尔逊的父子，他们是前几年搬来的。不过，老威尔逊已经生病去世了。你们径直往前走，走到头左转，那儿有栋公寓，威尔逊住在二楼最靠里的房间。他对雕刻木头很着迷，整天都把自己关在房间里刻木头。你现在去找他，他应该就在房间里。"

喵博士彬彬有礼地向两个女孩道过谢后，领着福尔摩斯他们继续往前走。走到女孩们所说的房间门口时，喵博士上前敲门："请问有人在家吗？"

"门没关,请进!"屋子里一个低沉的声音回答道。喵博士推门进入。一进门就是客厅,客厅的墙上挂着一面大镜子,镜子里映着对面的钟表。喵博士看了一眼,说:"哇,现在都6点5分了!"

"喵博士,你确定吗?你看到的可是镜子哟!"福尔摩斯提醒道。

"哦,镜子里的时间……"喵博士一边说着,一边想转过身看背后的钟表。

福尔摩斯却按住他的肩膀说:"喵博士,别转身。你连镜子里的时间都不会看,还怎么学当侦探?你就看着镜子,想想正确的时间是几点?"

客厅右边的房间应该是卧室,左边的房间是工作室。工作室里堆着许多木头雕塑,地上到处都是木头屑。一名中年男子正拿着一把雕刻刀,坐在一个雕塑面前雕刻着。他看到有人进来,抬起头,笑眯眯地说道:"抱歉抱歉,我正在忙手里的工作,

2 花瓣的玄机

你们先在客厅里坐一下吧,我马上就好。"

不一会儿,中年男子站起身来到客厅,热情地说道:"我是威尔逊,不知几位客人怎么称呼?"

雷斯垂德和福尔摩斯自我介绍后,威尔逊礼貌地和他们握了手。

威尔逊也没忽视喵博士,他走到喵博士身边,温和地说:"你好,你叫什么名字?"

"我叫喵博士,不过我有一个愿望,我希望早日成为喵尔摩斯。"喵博士看了看福尔摩斯,崇拜地说道。

"那祝你早日实现愿望啊!"威尔逊很尊重喵博士,他也和喵博士郑重地握了手,威

尔逊的手温暖又柔软。

喵博士说道："威尔逊……伯伯，我可以叫您伯伯吧？"

威尔逊哈哈大笑道："哈哈，当然可以。喵博士，你今年多少岁呀？"

"我今年刚满5岁！"

威尔逊说："那我考考你，在5年前，我的年龄是你现在年龄的8倍，你算算我今年多大？"

这可难不倒喵博士，他略一思索，就说出了正确答案。

"反应挺快的嘛，"威尔逊向喵博士竖起拇指。他又问道，"几位贵客到我家来，有什么事情吗？"

雷斯垂德拿出先前的那封信，严肃地说道："威尔逊先生，啊不，比尔先生，或者称呼你霍华德先生？这个徽标你认识吧？"

威尔逊的脸色骤然一变，他紧张地说道："不……

2 花瓣的玄机

不认识，你们是什么人？"

雷斯垂德拍拍他的肩膀，安慰道："你别紧张，我们不是来寻仇的。我们受人之托，来寻找比尔老先生。有人要给他一大笔钱。哦，你看，这还是比尔老先生当年写的信。我们没有恶意。"

威尔逊将信将疑地看了雷斯垂德一眼后，忐忑地接过信看了看，说："这确实是我父亲的笔迹，他几年前生病去世了。"

雷斯垂德想了想，说："格林老先生曾经受过比尔老先生的帮助，现在，他是个有钱人，想在死后把遗产留给比尔老先生和他的家人。比尔老先生去世了，你是他的儿子，自然可以拥有他的财产。"比尔先生瞪大了眼睛，一副不敢相信的样子。

福尔摩斯突然插话说："威尔逊，我听说你们家族流浪的时候，为了迷惑敌人，先是向南走，后来又向西北走，这么折腾，一定很辛苦吧。"

喵尔摩斯奇遇记

威尔逊摆摆手,说:"我那时候还小,脑海里只剩下**颠沛流离**的印象。不过,南方的风景倒是很美啊。"

喵博士看了一眼福尔摩斯,福尔摩斯也若有所思地看了一眼喵博士。卧室那边似乎有风吹过来,冷飕飕的。福尔摩斯问:"是不是卧室的窗户没关严实,风吹过来了。""哦,我觉得屋里闷得慌,开会儿窗户透透气,是不是太冷了?我去关窗户。"

威尔逊刚准备站起身,喵博士已经敏捷地跳了起来:"威尔逊先生,还是我去吧。"喵博士跑到卧室窗户边,探出头往下看了看,窗户底下是一片枯草地,草地上有被重物压过的痕迹。喵博士皱着眉,关上窗户,回到客厅。

福尔摩斯突然站起身说:"我先出去一下,看看马车夫走没走,要是没走,就让他多等一会儿,我和喵博士待会儿还想坐他的车回去呢。"

2 花瓣的玄机

"马车夫？我们不是走路过来的吗？"雷斯垂德疑惑地嘟囔着。

威尔逊回到客厅，继续和雷斯垂德聊天。雷斯垂德想到又办成了一桩案子，心里乐开了花。喵博士却心烦意乱地说："我得赶紧告诉福尔摩斯呀！福尔摩斯怎么出去了？"这期间，喵博士隐约听见了口哨声。

福尔摩斯刚回到房间，雷斯垂德就嚷嚷道："福尔摩斯，我已经确认过了，这肯定就是我们要找的人。你快把戒指拿给威尔逊先生吧。"

这句话吓得喵博士又蹦了起来："不能给，他不是……"

"他不是才听说这个好消息吗？多给他一点儿时间平复下情绪吧。"福尔摩斯强硬地打断了喵博士的话，走到喵博士身边，伸出手臂揽住喵博士，手却轻轻地捏了捏喵博士，暗示喵博士别讲话。

威尔逊先生却咽了咽口水,有些急切地说:"不用不用,不用平复情绪。你说的是什么戒指,拿来看看?"

福尔摩斯解开大衣的扣子,小心翼翼地从大衣口袋里摸出一块精致的手帕,手帕展开来,里面有一枚精美的戒指。他说:"东西就在这里,雷斯垂德做证,我把它交给你了。"

福尔摩斯把戒指交给威尔逊后,说道:"戒指我已经送到了,任务圆满完成。雷斯垂德先生,你要是想聊天,就留在这里吧。我们先走了。"

福尔摩斯带着喵博士走出了公寓。确定已经走远后,喵博士着急地说道:"福尔摩斯!你为什么把戒指给他,他是假的,他绝对不是威尔逊!"

喵博士为什么断定那个人绝对不是威尔逊?福尔摩斯会怎么应对呢?

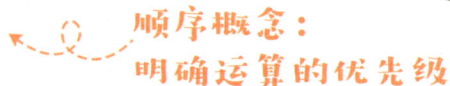

顺序概念：
明确运算的优先级

1. 喵博士从镜子中看到了钟表，认为当时是6点5分，那么实际上是几点几分呢？

2. 喵博士告诉威尔逊，他今年刚满5岁。威尔逊说5年前，他的年龄是喵博士现在年龄的8倍。那么威尔逊现在多大？

小提示

1. 从镜子中看一个物品，你会发现镜中的物品与实际物品大小一致，左右方向相反。即实物与镜像关于镜面对称。

2. 需要首先考虑一下做题的顺序和步骤，想要知道威尔逊现在的年龄，先要知道他5年前的年龄，得出他5年前的年龄后，记得再加上5岁，就是他现在的年龄啦！

答案：

1. 先看分针，如果镜子中的分针指的是5的位置，在表盘的右半边，那么真实的分针应该在表盘的左半边，也就是55的位置。镜中的时针在表盘的左半边，刚刚超过6点的位置，那么真实的时针应该在表盘的右半边，还没到6点。因此，真实的时间应该是5点55分。你答对了吗？

2. 5年前，威尔逊的年龄是喵博士的8倍，喵博士现在5岁，那时候威尔逊40岁。所以威尔逊45岁啦！

7
贝克街小分队

离开公寓后,喵博士焦急地说:"我们刚才看到的那个人,绝对不是威尔逊。"福尔摩斯的反应相当平静,他温和地说道:"喵博士,你为什么这么说?你有什么证据吗?"

喵博士急得涨红了脸:"福尔摩斯,你还记得吗,我们之前遇到了两个女孩。我向她们问路时,她们笑嘻嘻地说怎么全都在打听比尔。这就是说,在我们来之前,已经有人先我们一步赶到,向她俩打听消息。我在和威尔逊握手的时候,发现他的手很温暖很柔软。"

"这有什么问题吗?"福尔摩斯挑眉问道。

福尔摩斯探案与思维故事
2 花瓣的玄机

"问题就出在这里。两个女孩说他喜欢雕刻木头,每天都关在房间里雕刻。这样的人,手上应该有又厚又硬的茧子,怎么会那么柔软呢?"

"确实很奇怪,不过,说不定是他保养得好呢?你不能随便怀疑呀。"福尔摩斯轻声笑道。

"福尔摩斯,其实你心里也在怀疑,我说得没错吧。"喵博士抓住福尔摩斯的手臂,语速也快了许多,"你问的那个问题,就是在试探他。根据地图显示,他们一直都在向西北走。你说他们向南走,威尔逊不仅没有反驳,还说南方的风景很美。"

"哈哈,喵博士,你的观察能力提高了很多!不错嘛。嗯……你为什么要抢着去关窗户呢?擅自闯入别人的卧室,很不礼貌呀。"福尔摩斯嘴上这么说着,眼神里却没有责怪的意味。

喵博士低下头,惭愧地说道:"我知道这样做不好,但、但当时的处境太特殊了,我只能冒犯了。

伦敦的冬天这么冷,他却开着窗户,说是想通风,实在很反常。我抢在他前面跑去关窗,果然发现楼下的草地有被压过的痕迹。福尔摩斯,我推断,在他背后,可能有一个犯罪团伙。他的同伙绑架了真正的威尔逊。为了不被邻居发现,他们带着威尔逊偷偷跳窗户逃跑了。仓促中,他们忘记了关上窗户。假威尔逊呢,他刚刚伪装好,我们就赶到了。时间有限,他也来不及关窗户。"

"喵博士,你最近的进步很大。看来,我以后可以叫你喵尔摩斯了。"福尔摩斯毫不吝惜地称赞道。

喵博士高兴得跳了起来,不过,他马上又想起了什么,懊恼地问道:"福尔摩斯,你也知道他是假的,你为什么要制止我,不让我拆穿他?应该让雷斯垂德把他抓起来审问,逼他说出威尔逊的下落还有他同伙的信息,这样就能解决所有问题了呀。"

福尔摩斯摇摇头说:"行不通的,没有证据的话,

把他抓起来,只会**打草惊蛇**,也许我们更难找到真正的威尔逊。"

喵博士不甘心,眉头都皱成了一团:"那就轻易放他们走?福尔摩斯,我们没有办法了吗?"

福尔摩斯得意地说:"你还记得我中途出去了一次吧?我的贝克街小分队要派上用场了。我找到了附近的流浪儿,让他想办法通知维金斯和其他同伴。只要威尔逊一出门,他就休想从贝克街小分队的视线里溜走。他拿到了戒指,一定会马上回他们的窝点。我只需要等着维金斯的汇报。"

"那声口哨就是他们吹的吧!我听见了。不过,"喵博士疑惑地说道,"福尔摩斯,咱们俩也可以去跟踪他啊,不必麻烦那群小孩子吧。"

福尔摩斯压低了声音回答:"喵博士,注意一下你的右后方,看到那个贼眉鼠眼的人了吗?咱们刚出门,他就若即若离地跟着。他们在暗处,我们

在明处，我们俩去跟踪，太显眼了。"

"还有一个问题，"喵博士担忧地说，"那戒指呢？福尔摩斯，我知道你一定能抓到他们，可是贸然把戒指送出去，是不是有点儿冒险？"

福尔摩斯眼里闪过一丝狡黠的笑意，说："哈哈，那也是枚假戒指，只不过看起来很高级。唉，做这枚假戒指，也花了我不少钱呢。不说了，走吧，喵博士，我们回贝克街等着。"

福尔摩斯带着喵博士回到贝克街的公寓里。一个钟头后，楼下传来了嘈杂的声音。

贝克街小分队的维金斯带着流浪儿们，"噔噔噔"跑上楼。维金斯一冲进房间，就大喊道："报告！福尔摩斯先生，我们找到了！"说着，他凑到福尔摩斯跟前窃窃私语起来。

"好孩子，干得好！"福尔摩斯说着，冲他竖起拇指。他付了几枚硬币给维金斯后，看到桌上的

福尔摩斯探案与思维故事

2 花瓣的玄机

一篮水果,就对喵博士说:"来,把篮子里的苹果拿过来,平分给他们5个人吧,不过,最后篮子里还得剩1个苹果。"

喵博士一看,篮子里有5个苹果,而维金斯他们正好5个人,本来一人一个正好,福尔摩斯却偏要篮子里留下1个苹果。他什么时候变得这么小气了?连苹果都不舍得分给小分队成员?"那,你的水果刀在哪儿?我切给他们吃吧。"喵博士问道。福尔摩斯却说:"没有水果刀。你自己想办法吧。"

不久,喵博士眉毛一扬,笑出了声,他很快解决了这个难题。维金斯他们接过苹果和篮子,开心地冲下楼去。福尔摩斯哈哈大笑起来:"喵博士,你很厉害啊!"喵博士听了,得意极了。

福尔摩斯又说:"我回屋一会儿。"说着,他就进了卧室。

一刻钟后,卧室的门开了,一位苍老的妇人慢

慢地走了出来。她头发花白，身体佝偻，颤颤巍巍地拄着拐杖挪动步子。

"你！你是！"喵博士吓得说不出话。

老妇人慈祥地笑了笑，她直起了腰，还摸了摸喵博士的头。

"啊！你是福尔摩斯吧！福尔摩斯，你的化装

福尔摩斯探案与思维故事
2 花瓣的玄机

术太厉害了,我简直不敢相信自己的眼睛。"

"喵博士,我马上要出门处理威尔逊的事。但楼下还有监视我们的人,我必须谨慎行事,带着你容易被敌人发现。"福尔摩斯拿出一块怀表,递给喵博士,说,"现在是晚上8点。我先去解决一些问题。你要是感兴趣,我把维金斯说的地方告诉你,你11点出发,到那儿去找我。哦,对了,我那块表有点儿问题,每小时会快7分钟。我刚刚校正过它,它现在的时间是准确的,你可别算错时间了。"福尔摩斯交代完就打开门,像个老太太一样,颤颤巍巍地走了出去。

同学们,喵博士手上的怀表走时不准确,你们知道他应该在怀表显示几点几分的时候出发吗?

数学美感：
相同数字相加的快捷方法

1. 福尔摩斯要喵博士将篮子里的5个苹果平分给5个人，不过，要求最后篮子里还得剩1个苹果。应该怎么分呢？

2. 福尔摩斯给了喵博士一块有问题的怀表，这块表每小时会快7分钟。喵博士需要在晚上11点出发去找他。怀表现在的时间是准确的，显示晚上8点，那么喵博士应该在怀表显示几点几分的时候出发呢？

答案：

1. 将篮子里的5个苹果平分给5个人，篮子里还要剩1个苹果，看起来没法分，但实际上这是我们被固有的思维方式影响了。其实，福尔摩斯要求苹果留在篮子里，又没说要留住篮子。只要将其中一个苹果连同篮子一起送出去就可以了。

2. 8点到11点之间相差了3个小时，这块怀表每个小时都比真实时间快7分钟，那么3个小时后总共快了21分钟，所以当怀表指针指在11点21分时，才是真实的11点。

当需要把相同的几个数加起来计算时，就可以使用乘法的快捷算法，在这里，将三个相同的7加起来，不用计算7加7加7等于几，而是直接运用乘法法则计算3乘以7，就可以快速地得到答案了。

8
送快餐的小伙计

"咦?有人出来了!"守在街对面的那个小喽啰立刻打起精神,警觉地盯着对方。看清楚对方的面容后,小喽啰又懈怠了。他伸个懒腰,打了个哈欠,**自言自语**:"原来是个老太太啊。嘿嘿,看来福尔摩斯被我们唬住了。再观察一会儿,要是没什么异常,我就可以回去睡大觉了。"

假扮成老太太模样的福尔摩斯离开贝克街,顺路去了一趟烤鸡店。他从店里买了几只香喷喷的烤鸡。买完东西后,福尔摩斯根据维金斯给的地址,找到了目的地。这是一栋别致的小房子。福尔摩斯走上前,敲了敲房门。

一个男人打开了门。嘿,这不就是白天见到的假威尔逊嘛。假威尔逊把福尔摩斯从上到下打量了一遍,没认出他是福尔摩斯,但还是警觉地问道:"你是谁?为什么敲门?"

福尔摩斯顺手指了个方向,用苍老的声音说:"我是帮那边的烤鸡店送餐的。请问这是杰克先生家吗?他下午到店里来预订了几只烤鸡,让我们晚上送过来。"

烤鸡的香味慢慢地飘出来,钻进了假威尔逊的鼻子里。但假威尔逊一点儿也不心动,他冷冰冰地拒绝道:"你送错地方了,不是我们订的。"

"先生,就是这里,我不会弄错的。如果杰克先生不在,你帮忙收一下也行。"福尔摩斯上前一步,要把烤鸡递给假威尔逊。

"拿走!拿走!跟你说了烤鸡不是我们订的,我们有人送晚餐。"假威尔逊失去了耐心。"砰——"

福尔摩斯探案与思维故事
2 花瓣的玄机

他用力关上了门。

　　福尔摩斯原本想借送烤鸡的机会,混进房间里看看,打探一下这个小团伙有多少人。可惜假威尔逊的警惕性很高,根本不让福尔摩斯进门。福尔摩斯并不气馁,他从假威尔逊的话里得到

了新的信息:"看样子待会儿会有人上门送餐呀,我先在这儿等着,说不定能有一些意外的收获。"

屋子周围长着许多植物,福尔摩斯悄悄地躲进了灌木丛里。

果然,不久,一个穿着工作服的小伙计出现了,他匆匆忙忙地跑了过来,手里还提着一些餐盒。小伙计敲敲门,假威尔逊猛地把门打开,生气地说:"你烦不烦啊!跟你说了不是我们订的!"小伙计吓得脸色煞白,问道:"先生……您……您怎么了?"

"哦,是你啊!不好意思。"看清楚来人后,假威尔逊的表情平和了许多,他伸出手,接过小伙计手里的东西,"给我吧。"

"先生,晚餐送到了,请签一下字吧。"小伙计掏出一个小本子递给他,假威尔逊熟练地签了名。

小伙计又说:"先生,老板说今天该结一下上个月的饭钱。这是账单,请您过目。"

福尔摩斯探案与思维故事
2 花瓣的玄机

假威尔逊核过账单后,爽快地付了账,说:"回去跟你们老板说一声,让他换点儿新菜吧。老是那些菜,我们都吃腻了。"

"好的,先生!我一定转达您的意见。"小伙计恭恭敬敬地行了一个礼,转身离开。假威尔逊也迅速关上了门。

"看来这个小伙计一直在给他们送餐。从他那儿打听消息,应该比较容易。"福尔摩斯钻出灌木丛,偷偷地跟在小伙计身后。

小伙计走远了以后,突然咯咯咯地笑了起来。他从怀里拿出一个牛皮纸包住的东西。展开牛皮纸,里面装的是几块肥美的牛肉。他一边悠闲地走着,一边满足地吃起了东西。

"好呀!你居然偷拿我们的食物!"福尔摩斯快步走过去,一把抓住小伙子的肩膀,装出老奶奶的声调恶狠狠地说道。

小伙计受了惊吓,手里的东西全掉在了地上,他的眼神先是茫然,后是害怕:"老太太,您……您是谁啊?您是刚才那家的?"

福尔摩斯厉声质问道:"你刚才给我们送过来的晚餐,居然少了一份,你是不是偷拿了?走,带我去见你们老板。"

"我只是偷偷藏了几块肉。我哪敢拿一整份。"小伙计脸色煞白,紧张地说,"你们订餐的数目一直是固定的,我要是偷拿了,会被你们当场发现的。你们刚才还签字确认过了呀。"

"昨晚有人跟你说过,我们今天多来了一个人,让你记得多送一份,你是不是忘了?还是被你偷了?"福尔摩斯说话的口气咄咄逼人。

"多送一份?没人跟我说这事儿!老奶奶,你看,这是我的工作记录簿,客人有什么需求,我都会清清楚楚地记下来。像客人的地址、订餐数量、

送餐时间,我都记下来了。你们昨天要是说了,这上面就一定会有记录的。"小伙计忙不迭地拿出了自己的工作记录簿。

订餐数量?听到这里,福尔摩斯眼睛一亮,他立刻说道:"是吗?给我看看。"

福尔摩斯拿起工作记录簿,慢吞吞地看了起来。他找到了假威尔逊当天的订餐信息。福尔摩斯又往前翻了好几天,确定信息没什么变化后,他把小本子还给了伙计:"哦……可能是我记错了,不好意思,冤枉你了。"

小伙计哀求道:"老奶奶,那我偷偷拿肉的事情,您不要跟我老板说,好吗?"

"好,不说不说,你走吧。"福尔摩斯摆摆手,作出一副**宽宏大量**的模样。

小伙计走远后,福尔摩斯立刻去了警察局。雷斯垂德这时正在警察局里值班。福尔摩斯走到办公桌前，用指尖敲了敲桌面，用正常的语调说："雷斯垂德，收拾收拾准备出发，我找到了一个犯罪团伙的窝点。"

这位突然出现的严肃的老太太，把雷斯垂德吓了一大跳，他猛地站了起来，疑惑地盯着福尔摩斯瞧，问道："你是？"

"是我。"福尔摩斯摘掉了假发。

"啊！福尔摩斯！你的化装技术真是**炉火纯青**，我压根儿没认出你。你找到犯罪窝点了？等等我，我去向上司申请多调派点儿人手。"

福尔摩斯阻止他说："带上你的手下就够了。他们只有五个人。"

雷斯垂德好奇地问道："福尔摩斯，你是怎么打探到的？"

同学们，你们能回答雷斯垂德的问题吗？

等价转换：利用转换间接解决问题

福尔摩斯想打探对方的人数，可假威尔逊的戒心很重，根本不上当。因此福尔摩斯无法混进房子里侦察情况，看来这种方式行不通了，那怎么办呢？

小提示

有的问题要是正面解决有困难，可以试着把原有的条件和问题进行等价转换，从而找到解题的线索。那么，无法进入室内侦查的福尔摩斯能想出什么办法呢？

答案：

通过耐心观察，福尔摩斯发现了一直在给假威尔逊等人送餐的小伙计，从他的送餐记录中发现了假威尔逊的订餐信息，上面显示每天都订五人份的晚餐。这就间接证明了，假威尔逊这个小团体，一共有五个人。

9 抓捕行动

召集好队伍后,福尔摩斯和雷斯垂德迅速出发,前往犯罪团伙藏身的窝点。到达目的地后,他们匍匐前行,悄悄地埋伏在房子周围的灌木丛中。

福尔摩斯建议:"我们在这儿等着,等他们全都熄灯睡觉了,再一起冲进去,让他们措手不及!"

雷斯垂德采纳了福尔摩斯的建议,命令所有人耐心等待。福尔摩斯一会儿低头看怀表,一会儿又抬起头看看巷口,小声嘀咕着:"也该到了吧?"福尔摩斯是在等谁呢?

福尔摩斯那边已经安排好了,喵博士这边又在做什么?喵博士着急得很,又不能提前出门,只好

福尔摩斯探案与思维故事
2 花瓣的玄机

在屋子里转来转去，自言自语："不知道福尔摩斯现在怎么样了？事情进展得顺利吗？"

分针终于指向了21，喵博士迫不及待地推开了门。他快步奔向维金斯给他们的地址。刚拐进一条巷子，还没靠近屋子呢，喵博士突然被人用力一拽，险些跌倒在地。

"大晚上的，谁拽我啊？不会是遇到那群坏蛋了吧？完了！"喵博士的心一下子提到了嗓子眼儿。他**战战兢兢**地扭头一看，却看见了一张熟悉的面孔，原来是福尔摩斯。福尔摩斯拍拍喵博士的背，低声说："跟我过来！"看来，福尔摩斯等的是喵博士。他想带喵博士去看看逮捕犯人的第一现场。

喵博士跟在福尔摩斯身后，小心翼翼地躲到了灌木丛里。福尔摩斯选的位置很隐蔽。守在这个位置，可以清楚地看清所有房间的窗户。灯光把人影投射

在了窗帘上。

趁等待的工夫,福尔摩斯把今晚的经历告诉了喵博士。

怀表不紧不慢地走着。夜深了,房间里的灯一盏一盏陆续熄灭了。福尔摩斯又等了一个多小时,这才对雷斯垂德说道:"可以行动了。"

雷斯垂德得到信号,右手往前一挥,果断地说道:"行动!"

警察们撞开了房门,冲进房间里。一楼有三间卧室,三名犯罪团伙的成员刚睡着。他们惊慌失措,不知道发生了什么,完全没有抵抗的能力,只能**束手就擒**。

雷斯垂德他们又一鼓作气地冲上了二楼。他们一个个房间查看,没发现有人,只剩最后一个房间了。他们踢开房门,眼前的一幕却让他们停下了往里冲的脚步。只见假威尔逊正用左胳膊死死地勒着另一

个人,右手拿着匕首架在这个人的脖子上。假威尔逊怒吼道:"让开!别过来!他就是你们要找的人!你们放我出去,我就放了他!让开!"

雷斯垂德不敢刺激他,只能小心翼翼地退后,劝说道:"你已经被包围了!不要轻举妄动!"

"我手里的匕首可没长眼睛!"假威尔逊用胳膊一勒,人质疼得惨叫一声,痛苦地大喊:"救我!救救我!"

"别、别动手!"雷斯垂德万分紧张,他一边继续后退,一边努力用温和的语气讲话,生怕激怒了假威尔逊。

福尔摩斯看到墙上挂着马鞭,他和喵博士对视一眼,一下子读懂了对方的想法。在警察们慢慢后退时,福尔摩斯也混在里面,但他刻意退向挂马鞭的地方。

时机合适了,喵博士躲在雷斯垂德身后,大声

说道:"你动手吧,只要你下得了手。"

雷斯垂德气得七窍生烟,他斥责道:"喵博士!胡闹!你赶紧退下,不要插手!"

喵博士镇定自若,他盯着假威尔逊的眼睛说:"你手里的根本不是威尔逊先生,他只是你的同伙!"

"胡说!你懂什么!赶紧走开!"假威尔逊挥舞着匕首,那样子像是要吃人。

"你们每天都订的是五份晚餐,那说明你们这个窝点一直是五个人。但我们现在只看到了四个人,如果你手里的人质不是你的同伙,那你的第五个同伙在哪儿呢?"

假威尔逊的脸涨得通红。

喵博士又说道:"还有,你们最大的破绽,就是你们的手。一个喜欢雕刻木头的人,手上肯定满是拿雕刻刀留下的老茧,哪会是你们这样的?"

假威尔逊怒气上涌,他挥舞着匕首,恶狠狠地

对喵博士说:"让开!你们要相信一只小猫的鬼话吗?让开。"

假威尔逊的注意力全在喵博士身上。福尔摩斯趁其不备,偷偷取下了墙上的鞭子。他猛地一甩,一鞭子抽在了假威尔逊的手上。

"啊!"假威尔逊惨叫一声,匕首也掉在了地上。警察们一窝蜂冲上去,把他们捆了起来。

雷斯垂德捡起地上的匕首,问道:"真正的威尔逊呢?你们把他藏到哪儿去了?"

"你们休想知道!他会饿死、冻死,你们永远也找不到他。"假威尔逊狰狞地笑道。

"那我们就掘地三尺,把这座房子翻个底朝天。我就不信,找不到一个大活人!"雷斯垂德也不甘示弱地说。

听到这句话,假威尔逊突然眼珠一转。他改口说:"要想让我告诉你,也不是不可以。不过,你

们必须给我写证明，证明我将功赎罪，配合你们调查，让我少坐几年牢。"

"要是你带我们找到威尔逊，我可以考虑。"雷斯垂德说道。

假威尔逊一下子温顺了许多。他领着大家走进一间小黑屋，指着地上的一块石板说道："我们把威尔逊关进了地下室，这是地下室的入口。不过这上面有密码。你们把我的手松开，我来打开它。"

"松开？那可不行。"雷斯垂德摇头拒绝，"你把密码告诉我，我自己来开。"

假威尔逊说道："这密码只有我本人输入才能打开。再说了，你担心什么啊？是对自己的能力没信心吗？我的脚还捆着呢。你们有这么多人，还怕我跑了不成！"

雷斯垂德想了想，觉得他的话也有几分道理，便解开了假威尔逊手上的绳子。

福尔摩斯探案与思维故事
2 花瓣的玄机

假威尔逊输入密码后，石板一下子弹开了。警察们钻了进去。不一会儿，他们带出来一名中年男子。这名中年男子的手和脚都被捆得紧紧的，嘴巴也被封住了。

所有人都在关注被解救的威尔逊。这时，假威尔逊用头去撞雷斯垂德的肚子。雷斯垂德站立不稳，一下摔倒在地。假威尔逊抢回自己的匕首，纵身往地下室的入口里一跳。

"当心！"福尔摩斯眼疾手快，一把抓住了假威尔逊的衣角。可是假威尔逊反手一挥，直接用匕首割断了衣服。衣服"刺啦"一声撕开，假威尔逊迅速下坠。福尔摩斯的手里只留下一片衣服碎片。衣服碎片的手感有些奇怪，福尔摩斯微微皱眉。

假威尔逊跳进去后，地下室入口的石板迅速复位，将福尔摩斯他们全挡在了外面。

雷斯垂德气冲冲地扑上去，说："可恶！现在

入口锁住了,我们进不去了!"

喵博士凑上前仔细观察。忽然,喵博士注意到,地下室入口的外壁上,隐隐约约刻着什么东西。喵博士伸出手,拂去上面的灰尘。外壁上刻的是什么呢?喵博士眯着眼睛看了老半天:"看,这里刻着好多9!这最前面是一个9,空一格,后面跟了个99,再空一格,后面是999,再后面是9999,再后

福尔摩斯探案与思维故事
2 花瓣的玄机

面又跟着99999。哇,数一数,有十几个9呢。"

雷斯垂德心烦意乱,他皱着眉说:"我看看,我看看。这么多9摆在这儿,到底什么意思?"

"密码是多少位来着?六位是吧?"喵博士挠挠头,认真思考起来,"会不会是把它们全部加起来,最后得出一个六位数?这个六位数就是密码?"

"只能试一试了。喵博士,我去给你找草稿纸。这么复杂的数字,得算半天吧。"雷斯垂德心里头窝了一团火。

"雷斯垂德警探,不用这么麻烦,很简单的,我口算就好了。"喵博士制止道。

同学们,你们知道喵博士的计算方法吗?

数学美感：
简便好用的凑整法

地下室入口的外壁上刻着一串9，分别是：

9 99 999 9999 99999

这些数字跟进地下室的密码有关系吗？

小提示

密码会不会是把这些数字相加的和呢？你能不能不用笔不用纸，就把这串数字的和快速地算出来呢？观察一下，这串数字有什么特别之处？

答案：

把这一大串9相加看起来很复杂，但实际上有简便方法。仔细观察这些9，是不是每个数加上1就凑成10的倍数了呢？比如我们给9凑上一个1，就变成了10；给99凑上一个1，就变成了100；后面也是一样，它们可以凑成1000，10000，100000。

9 + 99 + 999 + 9999 + 99999
↓   ↓   ↓   ↓   ↓
10+100+1000+10000+100000

把这五组凑出来的数字加起来，就等于111110，别忘了刚刚我们给每组凑了1，一共凑了五个1，最后我们还得把它们"还

回去",所以最后的答案就是111105。地下室的密码会不会是111105呢?

在做加法运算的过程中,如果有一个数是接近整十、整百、整千的数,可以先加上这个整十、整百、整千的整数,然后再减去多加的补数。这种方法就叫作"凑整法"。平时,同学们可以经常试试凑整法,它可是一个好方法,能帮大家简化许多麻烦的计算。

10
烫手山芋

喵博士用一种简便方法，算出了一串数字111105，他们用这串数字一试，果然，石板门再次弹开。

雷斯垂德担忧地说道："假威尔逊就在底下躲着，我怕他伤人。福尔摩斯，要不，我们俩打头阵，先下去看看？"

福尔摩斯点头应允。于是，雷斯垂德握着枪，忐忑不安地走在前头。福尔摩斯提着一盏灯，给雷斯垂德照明。

两个人刚准备好，还没下去呢，突然，耳边传来了刺耳的声音，屋外有一块大石头砸过来，直接

福尔摩斯探案与思维故事
2 花瓣的玄机

砸碎了玻璃窗。

雷斯垂德冲到窗边一看，只见假威尔逊耀武扬威地站在大街上的路灯下！他拇指朝下，比了个手势，故意挑衅雷斯垂德。看到雷斯垂德气得挥拳头，假威尔逊哈哈大笑。然后，他转身就跑，消失在街道的拐角处。

"他！他怎么在那儿？！"雷斯垂德骂骂咧咧，带着手下追了出去。

这到底是怎么回事？假威尔逊怎么会突然从这里消失，又突然在街对面出现？难道他会魔法？福尔摩斯和喵博士没有出门，他俩决定去地下室里看个究竟。两个人利落地爬了下去。

他们对地下室的每堵墙都仔细查看了一番,果然有发现!有一堵墙上有个面板,看着有点儿像喵博士之前拿到的开启时空之门的石板。他把爪子往上一按,面板亮了,上面出现了几行字:"5秒内回答以下问题。"

喵博士忍不住握了握爪子。

面板上出现了题目:"1只猫吃掉1条鱼需要1分钟,照这个速度,100只猫同时吃掉100条鱼需要几分钟?"

喵博士大声回答了答案,接着,面板上出现了下一道题:"往一个篮子里放鸡蛋,第一分钟放1个,第二分钟放2个,第三分钟放4个,第4分钟放8个……按这样的规律,放到第八分钟的时候,篮子满了。请问在什么时候是半篮子鸡蛋?"

半篮子鸡蛋……啊,要5秒内回答,喵博士急得满头大汗。突然,他大喊一声"知道了",接着,

福尔摩斯探案与思维故事
2 花瓣的玄机

响亮地说出了答案。

就在这时,带面板的那堵墙上,一道暗门慢慢打开了。喵博士回过头看看福尔摩斯,好奇地问道:"福尔摩斯,我发现,最近遇到的对手,总喜欢给我出谜题。"福尔摩斯若有所思地点点头,说:"发生的这一切,都没那么简单。"

钻出地道后,喵博士发现这条地道正好通向后门大街的一个角落。出口被一块伪装的下水道井盖盖住了。**狡兔三窟**,假威尔逊刚才就是通过这个地道顺利脱身的。

福尔摩斯和喵博士侦查了一遍,又回到屋子里。雷斯垂德也**气喘吁吁**地跑回来了。喵博士伸长脖子一瞧:哦,空手而归。雷斯垂德怒不可遏,眼珠快要瞪出来了。他一脚踢在椅子上,大喊大叫道:"气死我了!气死我了!居然让这个坏家伙溜走了!"

福尔摩斯则平静得多。他安慰雷斯垂德:"别

在意,雷斯垂德。假威尔逊的背后还有幕后黑手,他们这个团伙的势力比你想象的要大。你要抓的人,不止他一个。"

假威尔逊的事情暂时告一段落,雷斯垂德终于想起真威尔逊了。警察们已经把那位先生的手脚解开了。

福尔摩斯和那位先生聊了好一会儿,终于确定了对方的身份。

雷斯垂德被骗过几次,实在不敢再轻易相信人。他狐疑地问道:"福尔摩斯,你确定这是真正的威尔逊吗?"

福尔摩斯握住对方的手,这双手粗糙厚实,布满了老茧。福尔摩斯扭过头对喵博士说:"喵博士,这才是雕刻木头的手啊!"喵博士被逗笑了。

福尔摩斯对威尔逊说:"威尔逊先生,今天已经这么晚了,我没办法带你去银行办理手续,处理那笔财产。我们明天再去吧。哦,对了,在手续办

福尔摩斯探案与思维故事
2 花瓣的玄机

理完之前,你暂时先别回家。要不你先去警察局住着,有雷斯垂德的保护,那群混蛋不敢对你下手。"

"财产?什么财产?"威尔逊迷茫地看着福尔摩斯。雷斯垂德立刻热情地解释了一遍。雷斯垂德手舞足蹈地比画着:"威尔逊先生,你先到警察局来住,等接受了财产,你就是伦敦城的有钱人啦!到时候,你先雇百八十个保镖,让他们保护你,保管你一根头发都不会少。"

"你们是说,今天这群人,都是冲着这笔钱来的吗?"威尔逊**恍然大悟**道。

福尔摩斯点了点头,说:"他们背后应该还有一个犯罪集团。格林老先生留的这笔钱,可是相当诱人的。这个集团的老大,想方设法要弄到这笔钱,作为他们的活动资金。"

"太可怕了。哈哈,看来这根本不是天上掉馅儿饼,这是烫手山芋呀。我不要,我不要。"威尔逊笑嘻嘻地说。

福尔摩斯严肃地说道:"威尔逊,关于财产的事情,我们明天再具体商量。你今天受了惊吓,还是先回去休息吧。"

威尔逊也收起了笑容,严肃地说:"福尔摩斯,我刚才不是在开玩笑,我真的不要这笔钱。格林老先生跟我非亲非故,我为什么要接受他的恩惠?如果他一定要给我,那我请求全部捐出来,用来资助吃不饱穿不暖的小孩,让他们去读书。"

"威尔逊!你疯了吗?你知不知道那意味着什么?"雷斯垂德的表情特别复杂,"我要是有了这笔钱,一定抱住不撒手!"

"我还是有一点儿私心,"威尔逊挠挠头,害羞地说道,"我想拿一部分钱来修缮我们家族的旧址。我很喜欢那里,我想在那儿建造一个家族展览馆,供民众免费参观。"

福尔摩斯探案与思维故事
2 花瓣的玄机

福尔摩斯语重心长地对威尔逊说:"威尔逊,你想好了吗?这笔钱可不是小数目。"

威尔逊摇了摇头,说:"富裕的生活,贫穷的生活,我都经历过。拥有太多,有时不见得是件好事。你看,它已经给我招来了一场灾祸。我好端端地在家刻木头呢,莫名其妙地被一群人绑到这儿来了。要不是你们赶过来,我就没命了。这笔钱要是真给我了,我的心每时每刻都得悬着。算了,靠自己的劳动所得过日子,才是最踏实的。"

"如果你心意已决,我们会尊重你的决定。"福尔摩斯真诚地说道,"威尔逊,我很敬佩你!明天我会去找格林老先生,向他转告你的想法。不过,你放弃财产的消息还没放出去,我担心那群人还会对你下手,今晚你还是先跟雷斯垂德一块回警察局。我和喵博士还得再搜查一下,看看有什么有用的线索。"

福尔摩斯和喵博士有没有新发现呢?

逻辑推理：突破惯性思维的逆向思维法

1. 喵博士他们在侦察地道时，遇到了思考题，全部答对才能顺利通过。第一道题目是："1只猫吃掉1条鱼需要1分钟，照这个速度，100只猫同时吃掉100条鱼需要几分钟？"

2. 往一个篮子里放鸡蛋，第一分钟放1个，第二分钟放2个，第三分钟放4个，第四分钟放8个……按这样的规律，放到第八分钟的时候，篮子满了。请问在什么时候是半篮子鸡蛋？

小提示

1. 1只猫吃掉1条鱼需要1分钟，那100只猫同时吃掉100条鱼就需要100分钟吗？倒着想，如果真的是100分钟，那就相当于100只猫吃完一条鱼再吃下一条鱼，依次吃了100条。100只猫同吃一条鱼，这可能吗？可不要被表面问题所迷惑了。

2. 要解答这个题目，也需要从结果往前逆向思考。从题目已知，每分钟放鸡蛋的个数都是前一分钟放鸡蛋个数的2倍，而满篮子恰好是半篮子的2倍吧？这下你知道答案了吗？

答案：

1. 1分钟。为什么呢？因为1分钟的时间，1只猫能吃掉1条鱼。100只猫同时吃100条鱼，每只猫还是只吃1条鱼，当

然就是1分钟了。

  2.解答这道题有一个关键信息：每分钟放鸡蛋的个数是前一分钟放鸡蛋个数的2倍。我们要用倒推法来解这道题，也就是说，篮子装满的前一分钟，鸡蛋正好是一半。既然第八分钟后篮子满了，那么第七分钟后就是半篮子鸡蛋。

11
似曾相识的字母 M

"找了老半天也没找到,真奇怪。"福尔摩斯一边快速翻找,一边嘟囔着。

喵博士抬起头问道:"嘿,福尔摩斯,你要找什么啊?"

"假威尔逊跳进地下室时,被我扯住了衣角,撕下来一大块布。恰好衣服的口袋也在上面,我在口袋里发现了这个。你看!"福尔摩斯拿出一小沓纸,每张纸上面都画着许多组合起来的图形。福尔摩斯解释说:"我想找找,屋子里还有没有类似的纸。可我把屋子翻了个底朝天,也没发现其他的。"

喵博士接过那沓纸,一张一张地翻看了起来:"这

些图形是什么意思呢？正方形，三角形，圆形，它们为什么要这样组合？福尔摩斯，我觉得它们一定是记录了什么信息。"

忽然，喵博士留意到其中一张纸有点儿不同。这张纸上前两个组合图形的下面，有两个用铅笔写的数字。颜色很浅，可能是用橡皮擦的时候没擦干净。第三个组合图形下面是空白的，没有数字。

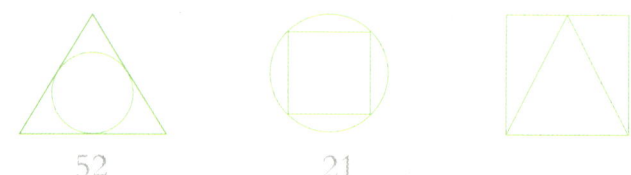

福尔摩斯凑过来看了看，说："这些图形很有可能是他们的一种暗号。你特别关注下第三个组合图形，试着解开它的秘密吧，看看它有可能会代表什么数字。我有种预感，过不了多久，它会出现在某个重要的场合。"

喵博士不敢懈怠，马上研究起来。他突然发现

一条重要的线索，前两个组合图形对应的数字里都有2，而在这两个组合图形里同时出现的是圆。秘密会不会就藏在这里？难道说，圆代表2？但为什么在第一个组合图形下面的数字，2在个位上；而在第二个组合图形下面的数字，2却在十位上呢？

喵博士似乎有点儿头绪了，越研究越兴奋，他相信自己已经找到答案了！他默默在第三个组合图形下面写了一个数字。同学们，你们知道他写的是什么数字吗？

福尔摩斯看到喵博士写的数字，点了点头，说："记住这些图形和数字，也许以后跟他们对暗号的时候，能用得上。"

这时候，喵博士又注意到每张纸的右下角，都有一个**字母M**。这个字母似曾相识，好像在哪里见过。猛地，灵光一现，他想起来了，以前他见到百晓通他们拿的石板上就有M这个字母。现在它又出现了！

福尔摩斯探案与思维故事
2 花瓣的玄机

他马上让福尔摩斯来看。福尔摩斯瞥了一眼,说:"他们着急了。"接着,他掏出怀表看了看,这会儿已经凌晨3点了,"喵博士,我们回去吧,已经很晚了。明天我们还要去找格林老先生,跟他商量财产处置的事情。"

喵博士跟着福尔摩斯回到贝克街,美美地睡了一觉。

第二天,福尔摩斯带喵博士去拜访格林老先生。

格林老先生笑呵呵地说道:"我听说,你们已经找到比尔的儿子了?辛苦了,请坐。"

"分内之事,谈不上辛苦。"福尔摩斯谦虚地说道。

"哦,福尔摩斯先生,你把那枚戒指,对,戒指,再拿给我看看。"格林老先生说。

福尔摩斯把戒指还给了他。

老先生接过戒指后,手指轻轻握紧。握紧的那

一刻,他的表情骤然一变,脸上完全没有了刚才的和气,变得冷若冰霜。他低声怒吼道:"滚出去!你们这两个骗子!"

老先生前后巨大的转变,惊得福尔摩斯和喵博士茫然无措。喵博士茫然地问道:"格林老先生,您、您这话是什么意思?"

"什么意思?你们还敢问我。"格林老先生咬牙切齿地说,"福尔摩斯,我信任你,才将这么重要的事情托付给你。我差点儿就上了你的当!你看看这是谁!"

老先生话音刚落,一名中年男子从他身后的房间里走了出来。乍一眼看上去,喵博士差点儿以为他是威尔逊。可是,对方的眼神里满含轻蔑和不屑。这个眼神?喵博士突然想到了一个人,他气得跳了起来:"这不是假威尔逊吗?你以为乔装打扮成威尔逊的样子,我就认不出你了吗?你居然跑到这儿

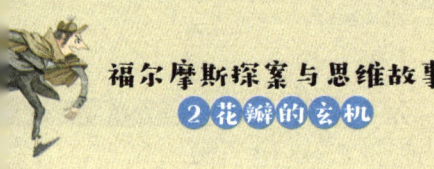

来了!"

"假威尔逊?你这个小孩还真是厚颜无耻呢!这明明就是真正的威尔逊,也就是真正的比尔!"格林老先生挥舞着手杖,转向福尔摩斯说,"福尔摩斯,你真是太歹毒了。你做这么多,就是想要霸占我的财产。哼,幸亏一位好心的教授帮助了我,告诉了我事情的来龙去脉,还把比尔护送过来。"

福尔摩斯不想多费口舌,无奈地说道:"老先生,如果你真觉得我有私心,那就麻烦你把过程讲一讲,我也想听听自己做过什么坏事。"

"好!看来你是不打算承认了?"老先生冷笑起来,说道,"那我就从头到尾跟你讲一讲,今天早晨,一位教授带着比尔来拜访我,向我控诉你的丑行。来,比尔,你来跟他们说说。"

假威尔逊开始演戏了:"你们昨天找到我,把我从绑匪手中救了出来,我很感激你们。没想到,

紧接着你们就索要一大半财产。我坚决不同意,你们就把我抓进了警察局。你们还打算第二天来找老先生,骗他说我要捐钱。其实,你们是想把钱装进自己的腰包!幸亏我想尽办法逃了出来,找到那位好心的教授帮忙。"

"两个骗子,你们还要狡辩吗?"格林老先生

福尔摩斯探案与思维故事
2 花瓣的玄机

闭上眼睛,不想再看福尔摩斯和喵博士。

喵博士因莫名其妙被冤枉,生了一肚子闷气,他大声说道:"这不是真的。我们去找雷斯垂德警探,他可以做证!"

"哼,跟你们狼狈为奸的那个混蛋吗?他已经被抓起来了!来人,把他俩赶出去!"老先生厉声呵斥道。

几名仆人拥上来,推推搡搡地把福尔摩斯和喵博士赶到大路边。

喵博士不解地问道:"这到底是怎么回事啊?格林老先生为什么不相信我们,而相信那个坏蛋呢?刚才他说,雷斯垂德被抓起来了?"福尔摩斯说:"去看看雷斯垂德出什么事了。"说着,他们向警察局赶去。

逻辑推理：
获得事物中共同点的归纳法

喵博士发现一张纸上可能藏着暗号，但需要先把它解答出来。想一想，第三个组合图形下面应该是什么数字呢？

 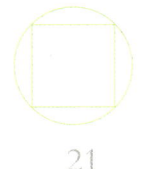 

　　52　　　　　21

小提示

　　前两个组合图形对应的数字里都有2，而在这两个组合图形里同时出现的是圆。秘密会不会就藏在这里？

答案：

　　先仔细观察已知的数字和图形有哪些共同点，已知的两个数中都有2，对应的两个组合图形里都有圆，极有可能圆就代表2。第一个组合图形中圆在里面，2在个位上；第二个组合图形中圆在外面，而2在十位上。由此归纳出外面的图形代表十位数，里面小的图形代表个位数的规律。那么三角形代表的就是5，正方形代表的就是1！所以答案是15。

　　回顾一下解谜过程，我们从看似具体的图形中发现了它们的共同点，把共性抽取出来，由此归纳总结出了规律，再代回到题目中，问题一下就解决了。

⓬ 雷斯垂德的"罪名"

警察领着他俩去了一个小房间。过了一小会儿,垂头丧气的雷斯垂德也被押过来了。

看到福尔摩斯,雷斯垂德快要哭出来了:"福尔摩斯,你来救我了!我怎么这么倒霉啊!"

福尔摩斯严肃地问道:"雷斯垂德,你出了什么事?怎么一晚上不见,你就变成这副模样了?"

"我也没弄明白呢!格莱森警探奉命逮捕我,把我抓起来了。他说,威尔逊和一位教授联名向警

察举报,说我敲诈勒索,蓄意杀人,贪污受贿,和犯罪势力勾结……因为证据相当充分,格莱森警探只能先把我抓起来。天哪!威尔逊他们为什么要陷害我?等我出去了,一定不会放过他们!"雷斯垂德越说越生气,说完这句话,他一拳砸到桌子上。

"发脾气解决不了问题。"福尔摩斯敲了敲桌子,示意他冷静一点儿,"你把这些罪名一条一条说清楚。既然他们举报你,那证据是什么呢?"

雷斯垂德掰着指头说:"第一条,敲诈勒索。威尔逊举报说,我威胁他交出一半财产,他不愿答应,所以我就把他抓回了警察局。"说到这里,雷斯垂德忍不住抱怨道,"福尔摩斯,你说说,这个威尔逊怎么回事啊,为什么要污蔑我?明明是他要捐钱,明明是他自愿跟我们回的警察局。他怎么突然改口说我迫害他呢?"

福尔摩斯反问道:"雷斯垂德,你今天和威尔

福尔摩斯探案与思维故事
2 花瓣的玄机

逊当面对质了？"

"哼，这倒没有。"雷斯垂德回答，"这些都是格莱森警探告诉我的。威尔逊他俩提交了举报信和证据后，就离开了警察局，去了别的地方。"

"这就对了，雷斯垂德，举报你的人应该是假威尔逊。他和那个教授后来去了格林老先生家。"福尔摩斯纠正了雷斯垂德的说法。

雷斯垂德想不通，大声嚷嚷起来："你说那是假威尔逊？不可能呀。我的下属昨天见过真正的威尔逊。对，我可以让他们做证，证明那个人是假的。"

"这也不奇怪。他伪装成了威尔逊的样子。况且，你都已经被抓了，你下属的话，别人还会信吗？"福尔摩斯又把话题引到正轨，"先别管这些，你继续说，剩下的罪名呢？"

"第二条，蓄意杀人。威尔逊，哦，不，假威尔逊说，我把他带回警察局后，一直在琢磨怎么把

他干掉,好独吞他的财产。他趁我睡着后,想尽办法才逃出去。他们说的第三条罪名是贪污受贿。哎哟,这个我真的不知道怎么回事。大家在我的床底下搜出一大箱现金,还有一张送礼的名单,写着某年某月某日,哪些人送给我多少钱。福尔摩斯,我发誓,我真的从来没有见过那个箱子。"

"这我可就不清楚了。"福尔摩斯耸耸肩膀,说,"雷斯垂德,第四条罪名呢?"

雷斯垂德竖起食指,激动地说道:"他们真是害惨我了!他们从我房间里不仅翻出了一大箱现金,还搜出来一沓资料,全是犯罪集团的内部资料。最夸张的是,那些内部资料里,都有我的手印!于是,我背上了和犯罪集团勾结的罪名。"

"内部资料?"福尔摩斯冷笑了一声,"雷斯垂德,我猜到这些资料是从哪儿来的了。我想,那个人手里还有很多这样的资料。对了,昨天威尔逊是和

福尔摩斯探案与思维故事

2 花瓣的玄机

你一块儿回的警察局,然后呢?后来发生了什么事?"

雷斯垂德歪着头想了想,说:"昨天晚上我们一块儿回来后,我担心威尔逊的安全,特意把他安排在了我宿舍的隔壁。你知道,我在警察局有固定的宿舍。后来,我和我的下属们一块儿吃了点儿夜宵。吃完夜宵,我觉得特别累,头也很晕,就回屋睡觉去了。我一觉睡到大天亮。睡醒后,我想去看看威尔逊休息得怎么样。可是,我推开隔壁房间的门时,发现……"

"你发现威尔逊不见了?"福尔摩斯问道。

雷斯垂德委屈地说道:"对!我找了半天,也没看到威尔逊的踪影。然后……格莱森就过来了。他接到上司的命令,必须把我抓起来。"

"喵博士,"福尔摩斯突然转过身,问道,"你发现哪儿不对劲了吗?"

"哦……福尔摩斯,其实,我有一个大胆的猜测,你看看有没有道理。"喵博士也学福尔摩斯的样子,

摸着下巴说道,"我想,雷斯垂德的身边,很可能有内奸。这个人跟着我们一块儿去办案,得知威尔逊的详细信息后,转告给假威尔逊,假威尔逊才可能取得格林老先生的信任。另外,雷斯垂德说他吃完夜宵特别累,回去睡觉了。会不会是内奸在他的食物里做了手脚呢?等雷斯垂德睡着了以后,钱啊、资料啊,都可以趁这个时候放进房间。内部资料,当然是那伙罪犯的嘛,他们在资料里署上雷斯垂德的名字,那个内奸趁雷斯垂德睡着了,拉着他的指头摁上手印。最关键的是,真正的威尔逊怎么会突然不见了呢?是不是有人把他藏起来了?"

听到这儿,雷斯垂德突然从口袋里掏出一枚徽章模样的东西:"嗯,我这几天在屋里发现过这个东西。我敢打包票,这不是我的,不知道它和内奸这件事有没有关系。"

"这是什么呀?"喵博士小心翼翼地接过来,

福尔摩斯探案与思维故事

2 花瓣的玄机

和福尔摩斯一起研究起来。

福尔摩斯闭上眼睛想了想,说:"这是某些犯罪集团的个人专属徽章。我以前办案的时候接触过。和普通的徽章不同,这种徽章是一种图案对应一个人。比如这枚徽章,喵博士,你数一数它有多少个三角形,三角形的总数就是徽章的主人的代号。"

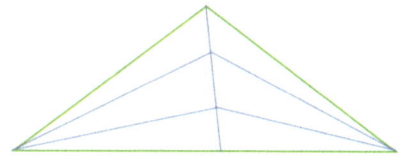

喵博士认真地数了起来。同学们也一块数数吧,看看徽章的主人的代号是多少。

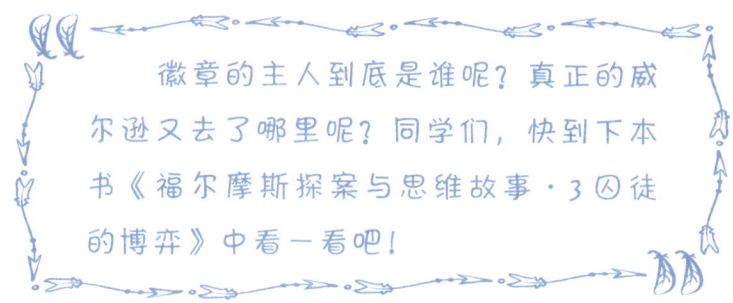

徽章的主人到底是谁呢?真正的威尔逊又去了哪里呢?同学们,快到下本书《福尔摩斯探案与思维故事·3 囚徒的博弈》中看一看吧!

分类集合：
让纷杂的事物清晰有序

喵博士要搞清楚徽章的主人的代号，就要数出这枚徽章的图案上有多少个三角形，三角形的总数就是那个人对应的组织代号。图案上到底藏有多少个三角形呢？

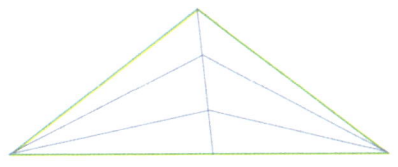

小提示

我们遇到这种难题，千万不能盲目地乱数，不然会数得晕乎乎的。提示一下，你可以对这些三角形进行分类，单个的三角形有几个，由两个小三角形组成的大三角形有几个，依此类推。

答案：

最简单清晰的方法是，用分类法去数三角形。先数单个的三角形，一共有6个。再数两个小三角形组合成的三角形，一共有5个。接着数三个小三角形组合成的三角形，一共有2个。由四个小三角形组成的三角形有多少个呢？只有1个。由五个小三角形组成的三角形有多少个？一个也没有。最后，由六个小三角形组成的大三角形，有1个。答案就是6+5+2+1+1=15。所以，徽章的主人的代号就是15！同学们，你们数对了吗？